无人机应用技术专业系列教材

U0587272

无人机应用技术

主 编 王晓斌 白雪材 高 爽

重庆大学出版社

内容提要

本书分为理论和实操两大部分。通过任务驱动开展学习,容易理解且操作性强。第一部分重点介绍无人机的基础理论知识,主要介绍了什么是无人机、无人机系统的组成及飞行原理、飞行控制系统概述及飞行模式、无人机使用相关知识;第二部分重点介绍无人机的实操,主要介绍了无人机飞行前的准备、飞行操作、飞行后的检查与维护、模拟器的使用、多旋翼无人机飞行技能练习、民用无人机驾驶员培训与考试等实操任务。读者通过理论学习及完成渐进式实操任务,可逐步提升实践能力,对无人机技术应用相关知识进行掌握和应用。

本书的主导思想突出操作技能,提高动手能力。书中采用了大量的实例,知识结构由浅到深,项目训练由易到难、循序渐进,理论与实践紧密结合,并将无人机考证所需的技能融入任务中。本书可作为高职院校无人机相关专业学生、无人机爱好者及无人机从业人员参考用书。

图书在版编目(CIP)数据

无人机应用技术 / 王晓斌,白雪材,高爽主编. --
重庆:重庆大学出版社,2023.6(2025.1 重印)
无人机应用技术专业系列教材
ISBN 978-7-5689-2648-5

Ⅰ.①无… Ⅱ.①王…②白…③高… Ⅲ.①无人驾
驶飞机—高等职业教育—教材 Ⅳ.①V279

中国版本图书馆 CIP 数据核字(2021)第 137493 号

无人机应用技术

主 编 王晓斌 白雪材 高 爽
责任编辑:秦旖旎 版式设计:秦旖旎
责任校对:王 倩 责任印制:张 策

*

重庆大学出版社出版发行
出版人:陈晓阳
社址:重庆市沙坪坝区大学城西路 21 号
邮编:401331
电话:(023)88617190 88617185(中小学)
传真:(023)88617186 88617166
网址:http://www.cqup.com.cn
邮箱:fxk@cqup.com.cn(营销中心)
重庆长虹印务有限公司印刷

*

开本:787mm×1092mm 1/16 印张:8.5 字数:210 千
2023 年 6 月第 1 版 2025 年 1 月第 2 次印刷
印数:1 001—2 000
ISBN 978-7-5689-2648-5 定价:39.00 元

前　言

无人机的发展历史可以追溯到 20 世纪 20 年代,应技术进步和战争需求,无人机逐渐发展为世界各国尤其是发达国家武器装备中重要组成部分之一,也日益成为未来战争发展的方向之一,同时无人机还正在向民用化发展。到了 20 世纪末,无人机发展进入了一个新时代,并先后形成三次发展浪潮。目前,世界各国尽管发展方向和发展程度各异,但无不积极研制开发无人机,在进一步发展军事用途的同时继续向民用领域扩展,一个无人机发展高潮正在到来。

无人机起源于军事用途,但随着动力、电源、电子以及控制技术的发展,加之微机电技术使得陀螺仪、无刷电机的微型化,中小型民用无人机飞速发展,应用到航拍、农业植保、地质测绘、电力消防、抢险救灾等国计民生的各个领域,方兴未艾。

"无人机"并非真的"无人",而是人在回路中,由人监视、管理甚至直接远程操纵飞机,无人机的驾驶员在地面担负安全飞行的责任,还可能承担任务规划等任务,其工作负荷可能不亚于过去的有人机驾驶员。因此,无人机要想实现健康、有序发展,需要培养大量优秀的有资质的从业人员,编写一部无人机从业人员入门参考用书显得尤为迫切,本书的编写正是适于这一发展的需求。

本书由东莞职院现代工业创新实践中心和东莞市腾飞无人机科技有限公司、河北交通职业技术学院组织编写。王晓斌、白雪材、高爽担任主编,陈俊超、李文胜、李国臣、高赞担任副主编。书中采用了大量的实例,知识结构由浅到深,项目训练由易到难,循序渐进,理论与实践紧密结合,并将无人机考证所需的技能融入任务中。全书吸收了国内外同类教材的优点,结合当下的实际情况,同时融入课程思政目标,将家国情怀、文化自信、职业道德、社会主义核心价值观等融入课程内容,重点突出无人机驾驶员应掌握的基本理论知识、技能要求和职业素养。在内容的广度和深度上,兼顾知识的系统性、逻辑性,力求结构合理,宽而不深、多而不杂,较好地体现理论与实践相结合的原则。本书可作为普高职院校无人机相关专业学生、无人机爱好者及无人机从业人员参考用书。

感谢作者以及各位工作人员对本书出版付出的不懈努力,也期望本书对读者有所裨益。同时,谨向给我们提供过帮助的专家学者们表示深深的敬意!限于水平,不足之处诚望读者批评、指正。

编　者

2022 年 10 月

目录

01

理论篇

项目 1　什么是无人机

 学习内容

任务 1　无人机的概念及发展历程
任务 2　无人机的分类
任务 3　多旋翼无人机的概述及发展
任务 4　无人机应用领域及发展趋势
任务 5　无人机的优点与缺点

知识目标

1. 了解无人机系统。
2. 掌握无人机的定义及结构特点。
3. 熟悉无人机应用领域。
4. 掌握无人机优缺点。

技能目标

1. 具备根据不同环境选择可使用的无人机的能力。
2. 具备理论联系实践,应用无人机技术的能力。

素质目标

1. 培养对科学技术的热爱,关注无人机技术与时代发展的联系。
2. 培养主动探索学习无人机技术的能力。
3. 树立新时代科学强国、自强不息的奋斗精神。

任务 1　无人机的概念及发展历程

　　无人机,也称为无人飞行器(Unmanned Aerial Vehicle,UAV),是一种配备了数据处理系统、传感器、自动控制系统和通信系统等必要机载设备的飞行器,能够进行一定的稳态控制和飞行,且具备一定的自主飞行能力而无须人工干预。

无人机技术是一门涉及多个技术领域的综合技术,它对通信技术、传感器技术、人工智能技术、图像处理技术、模式识别技术和控制理论都有较高的要求。

在无人机上虽然没有驾驶舱,但是安装有自动驾驶仪、程序控制装置等。无人机驾驶员通过雷达设备,在地面、舰艇或母机遥控站对无人机进行跟踪、定位、遥控、遥测和数据传输。

目前无人机已应用于航拍、空中侦察、监视、通信、反潜、电子干扰等工作中。

1910 年,在莱特兄弟所取得的成功的鼓舞下,来自俄亥俄州的年轻军事工程师查尔斯·科特林建议使用没有人驾驶的飞行器:用钟表机械装置控制飞机,使其在预定地点抛掉机翼并像炸弹一样落向敌人。在美国陆军的支持和资助下,他制成并试验了几个模型,取名为"科特林空中鱼雷""科特林虫子"。

1933 年,英国研制出了第一架可重复使用的无人驾驶飞行器——"蜂王"。使用 3 架经修复的"小仙后"双翼机进行试验,从海船上对其进行无线电遥控,其中 2 架失事,但第三架试飞成功,使英国成为第一个研制并试飞成功无线电遥控靶机的国家。

德国科学家领先时代数十年。实际上直到 20 世纪 80 年代末,世界上每一种研制成功的无人机都是以 V-1 巡航导弹(图 1-1)或"福克-沃尔夫"(FW 189)飞机的构造思想为基础的。

图 1-1　V-1 巡航导弹

第二次世界大战期间,美国海军首先将无人机作为空面武器使用。1944 年,美国海军为了对德国潜艇基地进行打击,使用了由 B-17 轰炸机改装的遥控舰载机。

美国特里达因·瑞安公司生产的"火蜂"系列无人机(图 1-2)是当时设计独一无二、产量最大的无人机。1948—1995 年,该系列无人机产生多种机型:无人靶机(亚音速和超音速)、无人侦察机、无人电子对抗机、无人攻击机、多用途无人机等。美国空军、陆军和海军多年来一直在使用以 BQM-34A"火蜂"靶机为原型研制的多型无人机。

图 1-2　美国"火蜂"无人机

自 20 世纪 70 年代起,以色列军事专家、科学家和设计师对无人驾驶技术装备的发展作出了突出贡献,并使以色列在世界无人驾驶系统的研制和作战使用领域占有重要地位。

全世界都在造无人机,20 世纪 80—90 年代,除了美国和以色列外,其他国家的许多飞机制造公司也在从事无人机的研制与生产。西方国家中在无人机研制与生产领域占据领先位置的是美国,从高级司令部到营、连各指挥层次均有使用无人侦察机。其中许多无人机可携带制导武器(炸弹、导弹)、目标指示和火力校射装置,最著名的是"捕食者"可复用无人机(图 1-3)、世界上最大的无人机"全球鹰"(图 1-4)、"影子-200"低空无人机、"扫描鹰"小型无人机、"火力侦察兵"无人直升机(图 1-5)。

图 1-3 美国"捕食者"无人机

图 1-4 美国"全球鹰"无人机

图 1-5 "火力侦察兵"无人直升机

任务 2 无人机的分类

无人机实际上是无人驾驶飞行器的统称,按飞行平台构型的不同,无人机分为六大阵营:无人飞艇、固定翼无人机、扑翼式微形无人机、伞翼无人机、无人直升机、多旋翼无人机。

1. 无人飞艇

如图 1-6 所示的无人飞艇一般采用充气囊结构作为飞行器的升力来源。充气囊一般充有比空气密度小的氢气或者氦气。它与热气球最大的区别在于具有推进和控制飞行状态的装置。

2. 固定翼无人机

如图 1-7 所示的固定翼无人机,顾名思义,就是机翼固定不变,靠流过机翼的风提供升力。固定翼无人机起飞的时候需要助跑,降落时必须要滑行。

图 1-6　无人飞艇

图 1-7　固定翼无人机

3. 扑翼式微型无人机

如图 1-8 所示的扑翼式微型无人机是受鸟类或者昆虫启发而发展来的一种飞行器,具有可变形的小型翼翅。它可以利用不稳定气流的空气动力,以及利用肌肉一样的驱动器代替电动机。

4. 伞翼无人机

如图 1-9 所示的伞翼无人机是一种用柔性伞翼代替刚性机翼的无人机,伞翼大部分为三角形,也有长方形的。

图 1-8　扑翼式微型无人机

图 1-9　伞翼无人机

5. 无人直升机

如图 1-10 所示的无人直升机靠一个或者两个主旋翼提供升力。如果只有一个主旋翼,还必须要有一个小的尾翼抵消主旋翼产生的自旋力。

6. 多旋翼无人机

如图 1-11 所示的多旋翼无人机具有由多组动力系统组成的飞行平台,它配备单个或者多个朝正上方安装的螺旋桨,由螺旋桨的动力系统产生向下的气流,并为飞行器提供升力。常见的有四旋翼、六旋翼、八旋翼,甚至更多旋翼。

图 1-10　无人直升机

图 1-11　多旋翼无人飞行器

任务 3　多旋翼无人机的概述及发展

多旋翼无人机是近几年才发展起来的,历史尚浅。多旋翼无人机的发展经历了以下三个阶段。

1. 理论开创阶段

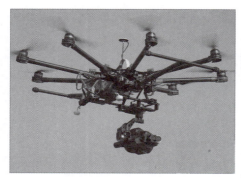

图 1-12　多旋翼无人机

多旋翼无人机理论开创于 20 世纪初,直升机研发之前。几家主要飞机生产商开发出在多个螺旋桨中搭乘飞行员的机型,这种设计开创了多旋翼无人机的理论。

2. 加速发展阶段

近几年,随着电子技术、微机械技术以及计算机技术的迅猛发展,装配高性能压电陶瓷陀螺仪和角速度传感器的多旋翼无人机开始出现并加速发展(图 1-12)。

3. 未来发展阶段

随着芯片处理能力的进一步提高,以及更新的算法研究和人工智能技术的发展,多旋翼研究开始向智能化和编队集群等方向发展,同时多种新技术尤其是图像处理、视觉技术和虚拟现实技术等都开始陆续集成到机载系统和地面系统中。

4. 多旋翼无人机的定义及分类

多旋翼无人机是一类通过多个定距桨(螺旋桨)正反旋转与转速控制提供飞行器升力、调整飞行器姿态的飞行器,如图 1-13 所示。

多旋翼无人机按轴数个数分为三轴、四轴、六轴、八轴甚至十八轴等;按发动机个数分为三旋翼、四旋翼、六旋翼、八旋翼甚至十八旋翼等。

需要明确一点,轴和旋翼通常情况下是相同的,但也有例外。比如四轴八旋翼,它是在四轴上每个轴上下各安装一个电机构成八旋翼。

图 1-13　三旋翼、四旋翼、六旋翼无人机

任务4　无人机应用领域及发展趋势

1. 无人机在军事方面的应用

现代军用无人机的任务范围已由传统的空中侦察、战场观察和毁伤评估等扩大到战场抑制、对地攻击、拦截巡航导弹,甚至空中格斗等领域。

(1)小型化无人机

充分发挥无人机成本低的特点,研制并大量应用小型化无人机,满足部队连、排级近程战术侦察的需求,完成战场监视、目标侦察、毁伤评估等任务。

(2)高空、高速无人机

高空、高速无人机需要新型的高空、长航动力装置,如液(气)冷式涡轮增压活塞发动机、涡轮风扇发动机、转子发动机等。它能比普通的无人机更快、更安全地执行侦察任务。

（3）隐形无人机

在飞行器的设计上采用隐形外形设计技术，在材料上采用隐形材料技术，并采用相位对消技术，减小被雷达、红外和噪声探测设备发现的概率，以提高无人机的战场生存能力。

（4）对地攻击无人机

对地攻击无人机可分为一次性攻击无人机和可重复使用攻击无人机。一次性攻击无人机在执行侦察任务时，携带攻击型战斗部，在侦察过程中发现敌方临时出现的重要目标时可进行实时攻击，无人机直接撞向目标，实现"察打结合"，充分发挥了武器装备的作战效能，减少因呼唤火力延误战机的可能性；可重复使用攻击无人机，是指在飞机外挂战斗部，通常是主动或半主动寻的导弹，当飞机发现并锁定目标后，由地面人员发出攻击指令，导弹脱离发射架，飞向目标并将其摧毁，无人机返航后，可加挂导弹再次使用。

（5）空战无人机

空战无人机的智能程度要求更高。美国虽然曾对空中格斗型无人机作了一些研制试验工作，并取得一些成效，但空中机群格斗错综复杂，存在多机控制、操纵与指挥协调，以及无人机与地面火力的协同作战等问题。

2. 无人机在民用方面的应用

已经和即将使用无人机的民用领域多达 40 多个，如影视航拍、农业植保、海上监视与救援、环境保护、电力巡查、渔业监管、消防、城市规划与管理、气象探测、交通监管、遥感测绘、国土监察等。

（1）电力巡查

如图 1-14 所示的装配有高清数码摄像机和照相机以及 GPS 定位系统的无人机，可沿电网进行定位自主巡航，实时传送拍摄影像，监控人员可在电脑上同步收看与操作。

（2）农业植保

如图 1-15 所示，利用集成了高清数码相机、光谱分析仪、热红外传感器等装置的无人机在农田上飞行，准确测算投保地块的种植面积，所采集数据可用来评估农作物风险情况、保险费率，并能为受灾农田定损，此外，无人机的巡查还实现了对农作物的监测。

图 1-14　电力巡查　　　　　图 1-15　无人机在农业植保上的应用

（3）环境保护

如图 1-16 所示为无人机在环境保护领域的应用，大致可分为三种类型：一是环境监测；二是环境执法；三是环境治理。

（4）影视航拍

如图 1-17 所示，无人机搭载高清摄像机，在无线遥控的情况下，根据节目拍摄需求，在遥控操纵下可从空中进行拍摄。

图 1-16　无人机在环境保护上的应用

图 1-17　无人机在影视航拍上的应用

（5）灾后救援

如图 1-18 所示，利用搭载了高清拍摄装置的无人机对受灾地区进行航拍，提供一手的最新影像。

（6）遥感测绘

如图 1-19 所示为利用无人机遥感技术，对当地情况进行查询。

图 1-18　无人机在灾后救援上的应用

图 1-19　无人机在遥感测绘上的应用

任务 5　无人机的优点与缺点

1. 无人机的优点

①避免牺牲空勤人员,因为飞机上不需要飞行人员,所以最大可能地保障了人的生命安全。

②无人机尺寸相对较小,设计时不受驾驶员生理条件限制,且不用考虑驾驶员对工作强度的承受度,不需要人员生存保障系统和应急救生系统等,大大地减小了飞机质量。

③制造成本低,机体使用寿命长,检修和维护简单,没有昂贵的训练费用和维护费用。

④无人机的技术优势是能够定点起飞和降落,对起降场地的条件要求不高,可以通过无线电遥控或通过机载计算机实现远程遥控。

2. 无人机的缺点

①生存力低,在与有较强防空能力的敌人作战时,无优势可言。

②无人机速度慢,抗风和气流能力差,在大风和乱流的飞行中,飞机易偏离飞行线路,难以保持平稳的飞行姿态。

③无人机受天气影响较大,结冰的飞行高度比过去预计的要低,在海拔 3 000～4 500 m 的高度上,连续飞行 10～15 min 后飞机会受损。

④无人机的应变能力不强,不能应对意外事件,当有强信号干扰时,易造成接收机与地面工作站失去联系。

⑤无人机机械部分也有出现故障的可能,一旦出现电子设备失灵现象,那对无人机以及机载设备将是致命的。

【课程育人】

科学无国界,但科学家有国界

中美在无人机领域持续竞争,美军早在阿富汗战争中就投入无人机执行各种任务,美国"捕食者"无人机发挥了巨大作用。近年来我国的无人机技术取得了长足进步,发展了"翼龙"系列、"彩虹"系列无人机(图 1-20),并在国际无人机市场上逐步打败了"捕食者"无人机,占据了高端无人机出口的核心市场。我国在高空战略无人侦察机与美国依然存在差距,但在"察打一体"无人机,却和美国基本平起平坐,中国从无人机跟跑发展到和美国并驾齐驱并有望弯道超车。

中美无人机双方各有千秋,美国在大型无人机、人工智能等方面独占鳌头,而中国则在实用型战斗无人机领域走在世界前列,在高端无人机制造方面我们还在努力追赶美国。当然,在应用方面,中美两国各有所长。例如,美国在安保和军事方面应用较好,而我们在农林、植保方面应用比较好。我国发布了全球首款运用量子通信技术的无人机,在无人机集群领域取得的成果被美国人列为需要追赶的技术,下一代国产 076 两栖攻击舰采用"电磁弹射器+无人机",展现出了很多独特的优势。

（a）"捕食者"无人机

（b）"翼龙"无人机

（c）"彩虹"无人机

图 1-20　中美典型高端无人机

　　科技战的终端是人才战,科学无国界,但是科学家有国界。美国担心高精尖技术外泄,严格限制本国无人机出口。反之,我国出口的无人机数量则处于全球领先地位。在消费娱乐应用层面,中国的品牌大疆无人机具有市场竞争优势。现阶段,西方发达国家联合对中国展开了技术、人才、贸易、军事、金融等方面的围堵,中美开始全方位的竞争。我国科技实力在不断增强,科技创新成果竞相涌现,成为具有重要影响力的科技大国。每一次技术攻关与突破的背后,都是孜孜不倦的潜心探索,每一次对未来生活蓝图的描摹,都在为人类文明发展贡献着力量。我们要怀着梦想,锚定目标,一步一个脚印,勇攀科技高峰,建设科技强国。

思考题

1. 无人机的英文缩写是(　　　)。
　　A. UVS　　　　　　　　　　B. UAS　　　　　　　　　　C. UAV
2. 轻型无人机是指空机质量(　　　)。
　　A. 小于或等于 7 kg　　　　B. 大于 7 kg,小于 116 kg　　C. 大于 116 kg,小于 5 700 kg
3. 近程无人机活动半径为(　　　)。
　　A. 小于 15 km　　　　　　B. 15～50 km　　　　　　　　C. 200～800 km
4. 不属于无人机机型的是(　　　)。
　　A. 赛纳斯　　　　　　　　B. 侦察兵　　　　　　　　　　C. 捕食者
5. 不属于无人机系统的是(　　　)。
　　A. 飞行器平台　　　　　　B. 飞行员　　　　　　　　　　C. 导航飞控系统

 项目 **2**　　无人机系统的组成及飞行原理

 学习内容

任务1　无人机系统的组成
任务2　固定翼无人机的结构组成
任务3　多旋翼无人机的组成
任务4　无人机飞行原理
任务5　多旋翼无人机飞行原理

 知识目标

1. 了解无人机系统。
2. 掌握固定翼无人机结构特点。
3. 熟悉多旋翼无人机的应用领域。
4. 掌握多旋翼无人机的飞行原理。

 技能目标

1. 具备对无人机飞行原理的深层理解。
2. 具备理论联系实践,应用无人机技术的能力。

 素质目标

1. 培养对科学技术的热爱,关注无人机技术与时代发展的联系。
2. 培养主动探索学习无人机技术的能力。
3. 树立新时代科学强国、自强不息的奋斗精神。

任务 1　无人机系统的组成

无人机系统(Unmanned Aircraft System,UAS),也称无人驾驶航空器系统(Remotely Piloted Aircraft System,RPAS),是由无人机平台、遥控站、指令与控制数据链以及其他部件组成的完整系统。无人机系统有无人机平台分系统、任务载荷分系统、数据链分系统、指挥控制分系统、发射与回收分系统、保障与维修分系统、避障分系统。(不同机构、团体对无人机系统

的分类略有不同。)

1.无人机平台分系统

无人机平台分系统是执行任务的载体,它携带任务载荷,飞行至目标区域完成要求的任务。无人机平台包括机体、动力装置、飞行控制系统及导航子系统等。

2.任务载荷分系统

任务载荷分系统是装载在无人机平台上,用来完成要求的航拍航摄、信息支援、信息对抗、火力打击等任务的分系统。

3.数据链分系统

数据链分系统通过上行信道,实现对无人机的遥控;通过下行信道,完成对无人机飞行状态参数的遥测,并传回任务信息。数据链分系统通常包括无线电遥控/遥测设备、信息传输设备、中继转发设备等。

4.指挥控制分系统

指挥控制分系统的作用是完成指挥、作战计划制订、任务数据加载、无人机地面和空中工作状态监视和操作控制,以及飞行参数、态势和任务数据记录等任务。指挥控制分系统通常包括飞行操控设备、综合显示设备、飞行航迹与态势显示设备、任务规划设备、记录与回放设备、情报处理与通信设备以及其他任务载荷信息的接口等。

5.发射与回收分系统

发射与回收分系统的作用是完成无人机的发射(起飞)和回收(着陆)任务。系统主要包括发射和回收有关的设备和装置,如发射车、发射箱、弹射装置、助推器、起落架、回收伞、拦阻网等。

6.保障与维修分系统

保障与维修分系统主要完成无人机系统的日常维护,以及无人机的状态测试和维修任务,包括基层级保障维修设备、基地级保障维修设备。

7. 避障分系统

无人机避障技术是随着无人机智能化发展和自主飞行的需要应运而生并发展起来的一项技术。目前高级无人机系统都将避障技术作为一项标准配置。避障分系统主要功能是通过主动测高测距传感器来实时获取飞行器周边障碍物与飞行器之间的距离,感知周边物体并自动规划飞行路线以避开障碍物飞行。

任务 2　固定翼无人机的结构组成

固定翼无人机由机翼、机身、尾翼、起落装置和动力装置五个主要部分组成。

1. 机翼

机翼的主要功能是产生升力,升力用来支持飞机在空中飞行,机翼也起到一定的稳定和操控作用。在机翼上一般安装有副翼,操纵副翼可使飞机滚转和转弯。机翼的形状、大小并不固定,根据不同的用途,机翼的形状、大小也各有不同。

机翼结构的基本要求:
①要有足够的强度和刚度。
②质量轻。
③机件连接方便。
④生存力强。
⑤成本低、维护方便。

2. 机身

机身的主要功用是装载各种设备,并将飞机的其他部件(机翼、尾翼及发动机等)连接成一个整体。

机身的一般要求:
①气动方面。从气动观点看,机身只产生阻力,不产生升力。因此应尽量减小尺寸,且外形为流线型。
②结构方面。要有良好的强度、刚度。
③使用方面。机身要有足够的可用容积放置设备、电池、舵机和油箱等,还要便于维修。
④经济性好。

3. 尾翼

尾翼是用来配平、稳定和操作固定翼无人机飞行的部件,通常包括垂直尾翼(垂尾)和水平尾翼(平尾)两部分。

水平尾翼由水平安定面和升降舵组成,通常情况下水平安定面是固定的,升降舵是可动的。

垂直尾翼包括固定的垂直安定面和可动的方向舵。方向舵用于控制飞机的横向运动,升降舵用于控制飞机的纵向运动。

尾翼的形状也是多种多样的,选择尾翼形状,首先要考虑的是能获得最大效能的空气动力,并在保证强度的前提下,尽量使结构简单、质量轻。

4. 起落装置

起落装置的作用是起飞、着陆滑跑、地面滑行和停放时用来支撑飞机。无人机的起落架大都由减震支柱和机轮组成。

起落架的主要作用是承受着陆与滑行时产生的能量,使飞机能在地面跑道上运动,便于起飞、着陆时的滑跑。

起落架可以分为前三点式和后三点式。这两种形式的起落架区别在于飞机重心的位置。选用前三点式起落架,飞机的重心处于主轮前、前轮后;选用后三点式起落架,飞机的重心处于主轮后、尾轮前。

5. 动力装置

无人机动力装置应用较广泛的有航空活塞式发动机加螺旋桨推进器、涡轮喷气发动机、涡轮轴发动机、涡轮螺旋桨发动机、涡轮风扇发动机及微型电动机。

航空活塞式发动机适用于低速、中低空及长航时无人机,飞机起飞质量较小;涡轮喷气发动机适用于飞行时间较短的中高空、高速无人机;涡轮轴发动机适用于中低空、低速短距、垂直起降无人机和倾转翼无人机;涡轮螺旋桨发动机适用于中高空、长航时无人机;涡轮风扇发动机适用于高空、长航时无人机和无人战斗机,飞机起飞质量可以很大,如"全球鹰"重达11 612 kg;微型电动机适用于微型无人机,飞机起飞质量可小于0.1 kg。

目前民用领域主要适用无刷电动机和往复式活塞发动机。无刷电动机多用于多旋翼。

往复式活塞发动机是一种内燃机,由气缸、活塞、连杆、曲轴、机匣和汽化器等组成。它的工作原理是燃料与空气的混合气在气缸内爆燃,产生的高温、高压气体对活塞做功,推动活塞运动,并通过连杆带动曲轴转动,将活塞的往复直线运动转换为曲轴的旋转运动。曲轴的转动带动螺旋桨旋转,驱动无人机飞行。整个工作过程包括吸气、压缩、做功和排气四个环节,不断循环往复地进行,使发动机连续运转。往复式活塞发动机分为二冲程和四冲程两种。

固定翼无人机除了以上提到的五个主要部分外,根据无人机操控和执行任务的需要,还装有各种通信设备、导航设备、安全设备等其他设备。

任务3　多旋翼无人机的组成

多旋翼无人机主要由机架、电机、电调和桨叶组成,为了满足实际飞行需要,还需要配备动力电源、遥控系统、遥测数据链路及飞行控制系统等。多旋翼无人机如图 2-1 所示。

图 2-1　多旋翼无人机

1. 机架系统

机架是指多旋翼无人机的机身架,是整个飞行系统的飞行载体(图 2-2、图 2-3)。

图 2-2　八旋翼无人机　　　　　　　图 2-3　六旋翼无人机

机架按材质分类:

①塑胶机架。特点:具有一定的刚度和强度,又有一定的可弯曲度,适合初学者。

②玻璃纤维机架。玻璃纤维机架强度比塑胶机架强度要高,需要的材料较少,减轻了整体机架的质量。

③碳纤维机架。与玻璃纤维的机架相比可以说相差无几,但就发展前景来看,碳纤维机架更有前途。

④钢制或铝合金机架。因其材料特性所做出的机架有各种缺点,不建议使用。对于有些动手能力强的读者,可以尝试使用现成的工具制作出特定的机架。

2. 起落架

起落架是多旋翼无人机唯一和地面接触的部位。用于将飞行器垫起一定高度,以便为云台等挂载设备腾出空间,还可以提供降落缓冲,保障机体安全。起落架应强度高,结构牢固,和机身保持相当可靠的连接,能够承受一定的冲力。

3. 动力系统—电机

电机是由电动机主体和驱动器组成,是一种典型的机电一体化产品。在整个飞行系统中,起到提供动力的作用。电机分为有刷直流电机和无刷直流电机。

(1)有刷直流电机

有刷直流电机是早期电机,将磁铁固定在电机外壳或者底座,成为定子;然后将线圈绕组,成为转子。有刷电机内部集成了电刷(换向器)进行电极换相,保持电机持续转动。在有刷电机中,为了减轻质量,一般转子都采用无铁芯设计,仅由绕线组构成,因此称为 Coreless Motro,即空心杯电机,也称无铁芯电机。

(2)无刷直流电机

无刷直流电机没有了电刷,运转时摩擦力大大减小,运行顺畅,噪声会低许多,这个优点对于无人机稳定运行是一个巨大的支持。因此,多旋翼无人机均采用的是无刷电机。

电机的主要性能指标和参数:

尺寸:一般用 4 位数字表示,如 2212 电机、2018 电机等。前 2 位是电机转子的直径,后 2 位是电机转子的高度。前 2 位越大,电机越粗,后 2 位越大,电机越高。电机的尺寸越大,功率就更大。

标称空载 KV 值:电机 KV 值定义为"转速/伏特",即输入电压增加 1 V,无刷电机空转转速增加的转速值。例如,1 000 KV 电机,外加 1 V 电压,电机空转时每分钟转 1 000 转,外加 2 V 电压,电机空转就 2 000 转了。单从 KV 值,不可以评价电机的好坏,因为不同 KV 值有不同的适用环境。针对不同尺寸的桨叶,绕线匝数多的,KV 值低,最高输出电流小,但扭力大,建议上大尺寸的桨叶;绕线匝数少的,KV 值高,最高输出电流大,但扭力小,建议上小尺寸的桨叶。

4. 动力系统——桨叶

螺旋桨是通过自身旋转,将电机转动功率转化为动力的装置。在整个飞行系统中,螺旋桨主要起到提供飞行所需的动能。

按材质一般可分为尼龙桨、碳纤维桨和木桨等。多旋翼无人机安装的都是不可变总距的螺旋桨,主要指标有螺距和尺寸。各种螺旋桨如图 2-4 所示。

 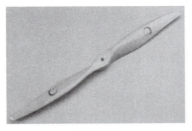 

图 2-4 各种螺旋桨

电机与螺旋桨如何搭配是非常复杂的问题,建议采用常见的配置,如表 2-1 所示。

表 2-1　螺旋桨配置表

电机(KV 值)	尺　寸
800～1 000	10～11 英寸桨
1 000～1 200	10～9 英寸桨
1 200～1 800	9～8 英寸桨
1 800～2 200	8～7 英寸桨
2 200～2 600	7～6 英寸桨
2 600～2 800	6～5 英寸桨

5. 动力电源——电池

电池是将化学能转化成电能的装置。在整个飞行系统中,电池作为能源储备装置,为整个动力系统和其他电子设备提供动力来源。目前在多旋翼无人机上,一般采用普通锂电池或智能锂电池等,如图 2-5 所示。

图 2-5　无人机动力电池

多旋翼无人机上电机的工作电流非常大,需要采用能够支持高放电电流的动力普通锂电池或智能锂电池供电。放电电流的大小通常用放电倍率来表示,即 C 值。C 值表示电池的放电能力,也是放电快慢的一种度量,放电电流能力分为持续放电电流和瞬间放电电流。

放电倍率 C=充放电电流(A)/额定容量(mA·h)

除了放电倍率的参数特性外,锂离子电池还有几个很重要的参数:

①电池容量,表示电池内存储的电量,单位为毫安时(mA·h)。

②xSyP 参数,锂离子电池一般制作成标准的电芯,单颗电芯的电压为 3.7～4.2 V,成品锂离子电池都是由若干电芯串联或者并联组合而成。锂离子电池型号一般表示为 xSyP,xy 为数字,例如 3S1P 和 4S1P 等。x 表示电池串联的个数,单节电池电压的标准为 3.7 V,因此 xS 的电池电压为 3.7xV,例如 3S 电池电压为 11.1 V。y 表示电池的并联个数,并联并不影响电压,但可提供更大的电流。一般默认为 1 节电池并联。放电电流大小就是单节电池的放电电流的值,例如 3S2P 就是 6 节电池每 2 节并联成 1 节后再 3 节串联。

③内阻,电池的内阻很小,一般用毫欧的单位来定义。内阻是衡量电池性能的一个重要技术指标,正常情况下内阻小的电池放电能力强,内阻大的电池放电能力弱。

6. 电调

电调全称电子调速器(Electronic Speed Control,ESC),如图 2-6 所示。在整个飞行系统中,电调主要通过提供驱动电机的指令来控制电机,完成规定的速度和动作等。

图 2-6　电子调速器

7. 飞行控制系统

飞行控制系统集成了高精度的感应元器件,主要由陀螺仪(飞行姿态感知)、加速计、角速度计、气压计、GPS 及指南针模块(可选配)以及控制电路等部件组成(图 2-7)。通过高效的控制算法内核,能够精准地感应并计算出飞行器的飞行姿态等数据,再通过主控制单元实现精准定位悬停和自主平稳飞行。根据机型的不一样,可以有不同类型的飞行辅助控制系统,有支持固定翼、多旋翼及直升机的飞行控制系统。

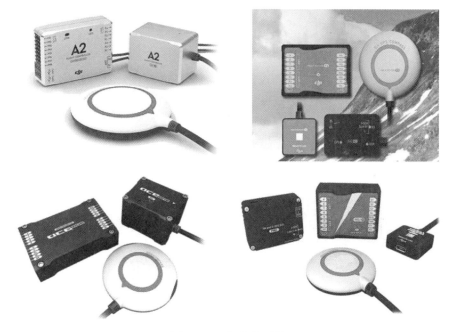

图 2-7　飞行控制系统

8. 遥控系统

遥控系统由遥控器(图2-8)和接收机(图2-9)组成,是整个飞行系统的无线控制终端。

图2-8　无人机遥控器　　　　图2-9　飞行控制系统终端(接收机)

9. 遥测数据链路

无人机的遥测数据链路包括数传和图传,用于地面控制人员对无人机实时飞行状态的感知与定位。数传就是数据传输,由数据传输模块和地面控制站两部分组成。它们接受来自飞控系统的数据信息。

10. 导航系统

导航系统向无人机提供相对于所选定的参考坐标系的位置、速度、飞行姿态,引导无人机沿指定航线安全、准时、准确地飞行。

目前在无人机上采用的导航系统技术主要包括惯性导航、卫星导航、多普勒导航、地形辅助导航以及地磁导航等。

(1)惯性导航

惯性导航是以牛顿力学为基础,依靠安装在载体内部的加速度计测量载体在三个轴向的加速度,经积分运算后得到载体的瞬时速度和位置,以及测量载体姿态的一种导航方式。

(2)卫星导航

卫星导航中最常见的全球定位系统(GPS)是由美国建立的一套定位系统,可以提供全球任意一点的三维空间位置、速度和时间,具有高精度、全球性、全天候的特点。

(3)多普勒导航

多普勒导航是飞行器常用的一种自主导航系统,它的工作原理是多普勒效应。多普勒导航系统能用于各种气象条件和地形条件,但由于测量的积累误差,系统会随着飞行的距离增加而使误差加大。

(4)组合导航

组合导航是指组合使用两种或两种以上的导航系统。如 GPS+惯性导航、多普勒+惯性导航等,其中应用最广的是 GPS+惯性导航组合导航系统。

（5）地形辅助导航

地形辅助系统用来修正惯性系统或其他导航系统的误差，以提高无人机的制导精度。

（6）地磁导航

地磁导航是一种无源自主导航系统，具有抗干扰能力强、无积累误差和精度适中的优点。

11. 地面站控制系统

地面站通过与无人机建立空地双向通信链路，实现对机载系统的遥测与遥控，如图 2-10 所示。遥测通道主要负责实时监视无人机的各种飞行状态和飞行数据，同时为地面人员提供指令输入接口，让操控人员可以向无人机发送各种指令数据，包括飞行模式切换、起降指令、任务执行指令，甚至飞控参数调整指令等。

图 2-10　地面站及地面站控制系统

12. 任务载荷和云台

常用的无人机任务载荷有航拍相机、测绘激光雷达、气象设备、农药喷洒设备、激光测距仪器、红外相机、微光夜视仪、航空武器设备等。

云台（图 2-11）是指无人机用于安装、固定摄像机等任务载荷的支撑设备。

图 2-11　云台

21

任务4　无人机飞行原理

1. 相对性原理

在运动学中,把运动的相对性叫作相对性原理或可逆性原理。可简单理解为飞机和空气作相对运动,无论是飞机运动而空气静止,还是飞机静止而空气向飞机运动,只要相对运动速度一样,那么作用在飞机上的空气动力大小就是一样的。

2. 连续性原理

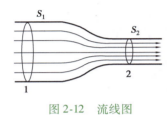

图 2-12　流线图

连续性原理是研究流体流经不同截面的通道时流速与通道截面积大小的关系。这是描述流体流速与截面关系的定理。当流体连续不断而稳定地流过一个粗细不等的管子,由于管中任何一部分的流体都不能中断或挤压起来,因此在同一时间内,流进任一切面的流体质量和从另一切面流出的流体质量应该相等(图 2-12)。

3. 伯努利定律

伯努利定律简单地说就是流体的速度越快,静压力越小,速度越慢,静压力越大。这里说的流体一般是指空气或水(图 2-13)。伯努利方程为:

$$p+\frac{1}{2}\rho v^2+\rho gh=C$$

式中　p——流体中某点的压强;

　　　v—该点的流速;

　　　ρ—流体密度;

　　　g—重力加速度;

　　　h—该点所在高度;

　　　C—常量。

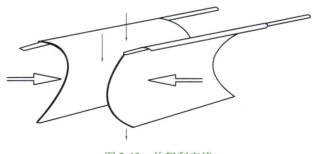

图 2-13　伯努利定律

4. 升力的产生

从空气动力角度看,飞机的几何外形由机翼、机身和尾翼等主要部件共同构成。飞机的升力绝大部分是由机翼产生,尾翼通常产生负升力,飞机其他部分产生的升力很小,一般不予考虑(图 2-14)。

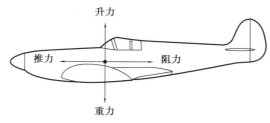

图 2-14　无人机受力分析

5. 阻力的产生

无人机飞行在空气中会受到各种阻力,会阻碍无人机的前进。阻力是与无人机运动方向相反的空气动力,按阻力产生的原因可分为摩擦阻力、压差阻力、诱导阻力和干扰阻力。

(1)摩擦阻力

黏性是空气的重要物理特性之一。由于黏性,当空气流过无人机表面时,会与无人机表面发生摩擦,产生一个阻止飞机前进的力,这个力就是摩擦阻力。

(2)压差阻力

在运动方向上,由前、后的压力差形成的阻力叫压差阻力。无人机的机身、尾翼等部件都会产生压差阻力。

(3)诱导阻力

升力产生的同时还对无人机附加了一种阻力。因产生升力而诱导出来的阻力称为诱导阻力。

(4)干扰阻力

它是无人机各部分之间因气流相互干扰而产生的一种额外阻力。

任务 5　多旋翼无人机飞行原理

多旋翼无人机通过调节多个电机转速来改变螺旋桨转速,实现升力的变化,进而达到控制飞行姿态的目的。

以四旋翼无人机为例。飞行原理如图 2-15 所示,电机 1 和电机 3 逆时针旋转的同时,电机 2 和电机 4 顺时针旋转,因此无人机平衡飞行时,陀螺效应和空气动力扭矩效应全被抵消。与传统的直升机相比,四旋翼无人机的优势是各个旋翼对机身所产生的反扭矩与旋翼的旋转方向相反,因此当电机 1 和电机 3 逆时针旋转时,电机 2 和电机 4 顺时针旋转,可以平衡旋翼对机身的反扭矩。

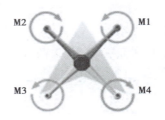

图 2-15 四旋翼无人机飞行原理

一般情况下,多旋翼无人机可以通过调节不同电机的转速来实现 4 个方向上的运动,分别为垂直、俯仰、横滚和偏航,如图 2-16 所示。

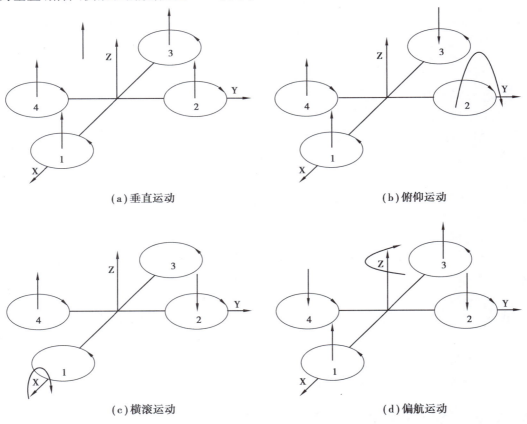

图 2-16 运动方向

（1）垂直运动,即升降控制

如图 2-16(a)所示,两对电机转向相反,可以平衡其对机身的反扭矩,当同时增加四个电机的输出功率,旋翼转速增加使得总的拉力增大,当总拉力足以克服整机的重力时,四旋翼无人机便离地垂直上升;反之,同时减小四个电机的输出功率,四旋翼无人机则垂直下降,直至平衡落地,实现了沿 Z 轴的垂直运动。当外界扰动量为零时,在旋翼产生的升力等于飞行器的自重时,无人机便保持悬停状态。由此可见,保证四个旋翼转速同步增加或减小是垂直运动的关键。

（2）俯仰运动，即前后控制

如图 2-16（b）所示，电机 1 的转速上升，电机 3 的转速下降，电机 2、电机 4 的转速保持不变。为了不因为旋翼转速的改变引起四旋翼飞行器整体扭矩及总拉力改变，旋翼 1 与旋翼 3 转速改变量的大小应相等。由于旋翼 1 的升力上升，旋翼 3 的升力下降，产生的不平衡力矩使机身绕 Y 轴旋转，方向如图 2-16（b）所示。同理，当电机 1 的转速下降，电机 3 的转速上升，机身便绕 Y 轴向另一个方向旋转，实现飞行器的俯仰运动。

（3）横滚运动，即左右控制

与俯仰运动的原理相同，如图 2-16（c）所示，改变电机 2 和电机 4 的转速，保持电机 1 和电机 3 的转速不变，便可以使机身绕 X 轴方向旋转，从而实现飞行器横滚运动。

（4）偏航运动，即旋转控制

四旋翼无人机偏航运动可以借助旋翼产生的反扭矩来实现。旋翼转动过程中由于空气阻力作用会形成与转动方向相反的反扭矩，为了克服反扭矩影响，可使四个旋翼中的两个正转，两个反转，且对角线上的各个旋翼转动方向相同。反扭矩的大小与旋翼转速有关，当四个电机转速相同时，四个旋翼产生的反扭矩相互平衡，四旋翼无人机不发生转动；当四个电机转速不完全相同时，不平衡的反扭矩会引起四旋翼无人机转动。如图 2-16（d）所示，当电机 1 和电机 3 的转速上升，电机 2 和电机 4 的转速下降时，旋翼 1 和旋翼 3 对机身的反扭矩大于旋翼 2 和旋翼 4 对机身的反扭矩，机身便在富余反扭矩的作用下绕 Z 轴转动，从而实现飞行器的偏航运动。

【课程育人】

中国第一架无人机——长空一号

20 世纪 60 年代，由于苏联援助的取消、专家的撤离，解放军空军试验用的拉-17 无人靶机严重缺失，国家下决心搞自己的无人靶机。长空一号（CK-1）高速无人机由位于巴丹吉林沙漠的空军某试验训练基地二站在 1965—1967 年成功定型，主要负责人是被誉为"中国无人机之父"的中国工程院院士赵煦将军。

1966 年 12 月 6 日，长空一号首飞成功。实际上长空一号就是仿制拉-17 的产品，从开始仿制到总体设计成功用了三个月。后转由南京航空学院具体负责，曾由中航二集团的常州飞机制造厂负责生产。在南航，长空一号于 1976 年底设计定型，总设计师为该校的郭荣伟。长空一号研制成功后，在我国空空武器等试验中发挥了重要作用。长空一号是一架大型喷气式无线电遥控高亚音速飞机，可供导弹打靶或防空部队训练。长空一号经过适当改装可执行大气污染监控、地形与矿区勘查等任务。该机采用典型高亚音速布局，机身细长流线，机翼平直，展弦比大。水平尾翼呈矩形，安装在垂直尾翼中部。机身前、后段为铝合金半硬壳式结构。发动机及其进气道装在机身下部的吊舱内。

翼尖短舱、尾翼翼尖、进气道唇口、机头与机尾罩均用玻璃钢制造。中单翼结构的矩形机翼采用不对称翼剖面，有 2°的下反角，机翼安装角为 0°45′。机翼翼尖处吊有两个翼尖短舱。水平尾翼安装在垂直尾翼中部，平尾和垂尾均采用对称翼剖面的矩形翼面。机翼和尾翼均为铝合金单梁式薄壁结构。机载设备、自动驾驶仪分别装在前后段，机身中段

传输 24 个遥控指令到自动驾驶仪或其他需要操纵的装置。地面人员还可通过无线电遥测设备来监控自动控制系统及其他设备的工作。遥测系统有 52 个通道,能连续向地面提供飞行速度、高度、攻角、发动机温度及转速等信息。

该机的主电源是一台由发动机驱动的直流发电机,通过变流器向某些设备提供交流电。另有后备银锌电瓶,在发动机出故障时可切换供电,保证飞行。

长空一号作为靶机使用时,能往返进入射击区域 2~3 次,以便进行多次训练。因长空一号本身体积很小,为在视觉上模拟体积较大的敌机,机上一般装有曳光管或拉烟管。机上还装有红外增强翼尖吊舱、被动式雷达回波角反射器,机尾带红外曳光弹为 4 枚"每鹰"1 号曳光弹,增强红外和雷达特征。靶机如未被击落,可遥控其着陆回收。

思考题

1. 为了克服"旋转翼"旋转产生的反作用(　　　),常见的做法是加一个小型旋翼(尾桨)。
   A. 力　　　　　　　　　　B. 力矩　　　　　　　　　　C. 扭矩

2. 电动机分为两类:(　　　)电动机、(　　　)电动机。
   A. 有磁　　　　　　　　B. 无磁　　　　　　　　C. 有刷　　　　　　　　D. 无刷

3. 电动动力系统主要由电动机、(　　　)、动力电源组成。
   A. 电池　　　　　　　　B. 调速系统　　　　　　　　C. 无刷电动机

4. 流体的速度越快,静压力(　　　),速度越慢,静压力(　　　)。
   A. 越小　　　　　　　　B. 越大　　　　　　　　C. 不变

5. 以下选项中不属于锂电池基本参数的是(　　　)。
   A. 放电倍率　　　　　　B. 电池容量　　　　　　　　C. 电池品牌

项目 **3**　飞行控制系统概述及飞行模式

 学习内容

任务 1　飞行控制系统存在的意义
任务 2　飞行控制器的设置步骤

 知识目标

1.了解飞行控制系统的意义。
2.了解飞行控制系统主要的硬件的作用。
3.熟悉飞行控制系统的控制模式。
4.掌握无人机飞行控制器的设置步骤。

 技能目标

1.掌握无人机飞行控制的控制模式以及设置步骤。
2.具备理论联系实践,应用无人机技术的能力。

 素质目标

1.培养对科学技术的热爱,关注无人机技术与时代发展的联系。
2.培养主动探索学习无人机技术的能力。
3.树立新时代科学强国、自强不息的奋斗精神。

任务 1　飞行控制系统存在的意义

无人机飞行控制系统是指能够稳定无人机飞行姿态,并能控制无人机自主或半自主飞行的控制系统,是无人机的大脑。

飞行控制系统通过高效的控制算法内核,能够精准地感应并计算出无人机的飞行姿态等数据,再通过主控制单元实现精准定位悬停和自主平稳飞行。

飞行控制系统是目前实现简单操控和精准飞行的必备武器。

1.飞行控制系统的主要硬件

飞行控制系统一般主要由主控单元、IMU(惯性测量单元)、GPS 指南针模块、LED 指示灯模块等部件组成。

(1)主控单元

主控单元(图 3-1)是飞行控制系统的核心,通过它将 IMU、GPS 指南针、舵机和遥控接收机等设备接入飞行控制系统从而实现飞行器自主飞行功能。除了辅助飞行控制以外,某些主控器还具备记录飞行数据的黑匣子功能,比如某些主控单元还能通过 USB 接口,进行飞行参数的调节和系统的固件升级。

(2)IMU(惯性测量单元)

IMU(图 3-2)包含 3 轴加速度计、3 轴角速度计和气压高度计,是高精度感应飞行器姿态、角度、速度和高度的元器件集合体,在飞行辅助功能中充当极其重要的角色。

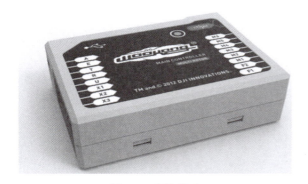

图 3-1　主控单元

图 3-2　IMU(惯性测量单元)

(3)GPS 指南针模块

GPS 指南针模块包含 GPS 模块和指南针模块。全球导航卫星系统主要包含美国的 GPS 全球定位系统、俄罗斯的 GLONASS、欧洲的 GALILEO、中国的北斗卫星导航系统,以及一些区域增强系统等。

指南针模块(图 3-3)的应用主要通过磁力计传感器应用,主要目的是尽可能地将磁力计移出受干扰的机体区域。GPS 指南针模块用于精确确定飞行器的方向及经纬度,对于失控保护、自动返航、精准定位悬停等功能的实现至关重要。

(4)LED 指示灯模块

LED 指示灯模块(图 3-4)通过接收主控制单元的信号来控制 LED 灯的亮灭以及闪烁,以指示系统的状态。其主要目的是用于实时显示

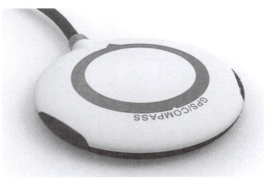

图 3-3　GPS 指南针模块

飞行状态,是飞行过程中必不可少的。

图 3-4　LED 指示灯模块

2.飞行控制系统主要功能

(1)智能失控保护/自动返航降落

飞行控制系统能自动记录返航点,当飞行过程中出现控制信号丢失,即无线遥控控制链路中断的情况,飞行控制系统能自动计算返航路线,实现自动返航和降落,使飞行或航拍更加安全可靠,如图 3-5 所示。

(2)实现精准定位悬停

由于飞行控制系统配置有 GPS 指南针模块,可以实现锁定经纬度和高度的精准定位。即使碰到有风或者其他外力作用的情况,飞行控制系统也能通过主控制单元发出的定位指令来自主控制飞行器以实现精准定位悬停,如图 3-6 所示。

图 3-5　失控返航

图 3-6　精准降落

(3)低电压报警或自动返航降落

由于多旋翼飞行系统普遍采用电池供电的方式,巡航时间有限。为保证更高效地完成飞行作业任务,飞行控制系统的低电压报警功能会及时通过 LED 指示灯提醒操作员当前的电压状态,在紧急的情况下,还可以实现自主返航或者降落,以保证整个飞行系统的安全。

(4)内置(两轴)云台增稳功能

云台作为无人机航拍不可缺少的设备,主要用以稳定相机,从而拍摄出稳定流畅的画面。越来越多的人采用无人机航拍,主要是因为其成本较低,性价比相对较高。除了无人机飞行系统以外,还需要挂载摄像设备来实现航拍。如果直接将摄像设备进行硬连接,会导致拍摄画面抖动或产生果冻效应,这样的素材即使通过软件后期调试也基本不能使用。

(5)热点环绕(POI)

热点环绕(Point of Interest,POI)功能,在 GPS 信号良好的情况下,可以通过拨动遥控器上预先设置好的开关,将飞行器当前所在的坐标点记录为热点。

以热点为中心,在半径 5～500 m 的范围内,只需要发出横滚的飞行指令,飞行器就会实现 360° 的热点环绕飞行,机头方向始终指向热点的方向。该功能设置简单,使用方便,可实现对固定的景点进行全方位拍摄的应用,如图 3-7 所示。

图 3-7　热点环绕

（6）可扩展地面站功能

飞行控制系统还可扩展成更加强大的地面站功能,从而实现超视距全自主飞行。通过地面控制终端,可提前设定飞行航线、高度及速度等参数,一键即可实现从起飞、航线飞行到返航降落等全自主飞行功能,如图 3-8 所示。

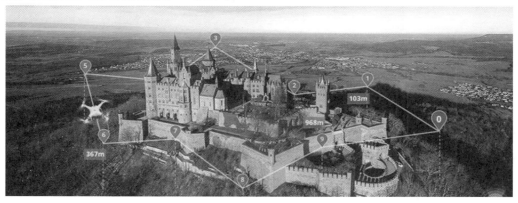

图 3-8　定点环绕飞行

地面站系统拥有 3D 地图和可视化飞行仪表,提供飞机姿态、坐标、速度、角度等实时飞行数据,同时也提供飞机及飞行控制系统状态信息。

3. 飞行控制系统控制模式

飞行控制系统一般提供三种飞行模式:GPS 姿态模式、姿态模式和手动模式。

（1）GPS 姿态模式

①定位悬停

此模式下,旋翼无人机保持悬停状态,即使在风中也不例外。无人机借助全球定位系统原地不动。使用悬停模式时,固定机翼无人机保持高度,围绕当前自己所处位置盘旋。

②自动返航

在无人机过分远离的情况下,自动返航为最佳应对模式,无人机返回在启动时存录的全球卫星定位系统坐标位置。

③自动起降

对于旋翼无人机来说,只需要按下一个按钮,无人机就可以上升至几米的高度然后保持悬停状态,降落时,随着机身接近地面,无人机速度不断下降,然后在接触到地面时自动关闭引擎。

(2)姿态模式

姿态模式适合于没有 GPS 信号或 GPS 信号不佳的飞行环境,能实现自动保持飞行器姿态和高度,但是,不能实现自主定位悬停;姿态模式简单地说就是自动平衡模式,但是只能保证自动平衡,不能定点悬停,需要手动干预。如果需要定点悬停,需要切换到 GPS 模式。

(3)手动模式

手动模式只能由比较有经验的飞手来控制,基本航拍遥控器如图3-9所示。在该模式下,飞行控制系统不会自动保持飞行姿态和高度的稳定,完全由飞手手动控制,非受过专业飞行训练的飞手,请勿尝试。

图 3-9 基本航拍遥控器

4.常用的飞行控制算法

旋翼类无人机系统的算法主要有两类:姿态检测算法、姿态控制算法。姿态控制、被控对象(多旋翼无人机)、姿态检测三个部分构成一个闭环控制系统。被控对象的模型是由其物理系统决定的,设计无人机的算法就是设计姿态控制算法、姿态检测算法。

(1)姿态检测算法

姿态检测算法的作用就是将加速度计、陀螺仪等传感器的测量值解算成姿态,进而作为系统的反馈量。常用的姿态检测算法有卡尔曼滤波、互补滤波等。

(2)姿态控制算法

控制飞行器姿态的三个自由度,以给定姿态与姿态检测算法得出的姿态偏差作为输入,被控对象模型的输入量作为输出(如姿态增量),从而达到控制飞行器姿态的作用。最常用的就是 PID 控制及其各种 PID 扩展(分段、模糊等)、高端点的有自适应控制。

什么是 PID? P 代表比例控制,I 代表积分控制,D 代表微分控制。比例微分积分线性控制即 PID 线性控制理论,是经典控制理论中及一些非线性控制系统中最常见的控制方法。

任务2　飞行控制器的设置步骤

1. APM 自驾仪简介

ArduPilot Mega 自动驾驶仪(简称"APM 自驾仪")是一款非常优秀而且完全开源的自动驾驶控制器,可应用于固定翼、直升机、多旋翼、地面车辆等,同时还可以搭配多款功能强大的地面控制站使用。

APM 硬件的版本有 2.5、2.6 和 2.8。APM 固件版本很多,APM 硬件由于存储空间有限,最高支持到 3.2.1 的 APM 固件。所谓固件,英文名为 Firmware,即所有硬件对应的应用程序。自驾仪、无线电遥控器和照相机上的固件要定期更新,保证获得新的功能及改进的性能。

APM 的入门使用:

①首先安装地面站控制软件及驱动,熟悉地面站界面的各个菜单功能;

②仅连接 USB,先学会固件的下载;

③连接接收机和 USB 线完成 APM 的遥控校准、加速度校准和罗盘校准;

④完成各类参数的设定;

⑤组装飞机,完成各项安全检查后试飞;

⑥PID 参数调整;

⑦APM 各类高阶应用。

相关参数的设置:

①认识 Misson Planner 的界面;

②固件安装,一般都把固件刷新到最新版本;

③遥控校准;

④加速度计校准;

⑤罗盘校准;

⑥解锁;

⑦飞行模式配置。

2. 常见飞行控制器

常见的飞行控制器有:

①极翼 P2;

②极飞 MINIX;

③深圳大疆 Naza-M Lite；

④零度智控 X4；

⑤零度智控 S4；

⑥APM；

⑦MWC；

⑧QQ 飞控；

⑨CC3D；

⑩大飞鲨 SharkX8。

 无人机使用相关知识

项目 4

 学习内容

任务1　无人机相关安全知识以及法律法规
任务2　轻小型无人机运行规定
任务3　民用无人机驾驶员管理规定

知识目标

1.了解无人机相关安全知识。
2.掌握无人机飞行的法律法规。
3.了解什么是无人机驾驶员。
4.掌握无人机驾驶员管理规定。

技能目标

1.能熟悉、合格、守法地驾驶无人机。
2.具备理论联系实践,应用无人机技术的能力。

素质目标

1.培养对科学技术的热爱,关注无人机技术与时代发展的联系。
2.培养主动探索学习无人机技术的能力。
3.树立新时代科学强国、自强不息的奋斗精神。

任务1　无人机相关安全知识以及法律法规

1.易燃易爆管理

(1)蓄电池安全使用规则
1)蓄电池的安装、使用规则
①使用环境:勿在密闭空间或有火源的场合;勿用乙烯薄膜类有可能引发静电的塑料遮

35

盖电池;勿在过低或过高的温度环境;勿在有可能浸水的场合安装、使用。

②安装和搬运:勿在端子处用力;连接过程中,戴好防护手套;使用扭矩扳手等金属工具时,将金属工具进行绝缘包装,绝对避免扭矩扳手等金属工具两端同时接触到电池正、负端子,造成电池短路;安装接插式端子的蓄电池(FP型号)时,不要改变端子的形状或位置;安装螺栓拧紧式蓄电池时,用随电池配件的螺栓、螺母和垫圈;紧固连接线时,按说明书规定的扭矩紧固。

③与外部设备连接:应使外设处于断开状态,电池正极与设备正极相连,电池负极与设备负极相连。

2)例行维护,定期检查

电池组总电压;单体电池电压;环境温度及电池表面温度;电池组各部位连接线紧固状态,如有松动,对其紧固;电池外观有无异常;电池端子连接线部位是否清洁;厂家规定的其他检查事项(检查期限请参考厂家说明)。

3)使用注意事项

切勿拆卸、改造电池;切勿将蓄电池投入水中或火中;连接电池组过程中,请戴好绝缘手套;切勿在儿童能够触碰到的地方安装、使用或保管蓄电池;切勿将不同品牌、不同容量、不同电压以及新旧不同的电池串联混用;电池内有硫酸,如电池受损,硫酸溅到皮肤、衣服甚至眼睛中时,应立即用大量清水清洗或去医院治疗。

(2)锂电池的使用规则

1)安全事项

①使用环境:勿将电池存储在潮湿、高温的地方;切勿将电池放置在火中,以免引起爆炸。切勿在危险的环境下进行电池安装。

②切勿将电池端子短路或电池反充电。

③切勿拆开电池外壳。

④如果使用者手湿,切勿触摸电池。

⑤切勿使用诸如苯或者香蕉水等溶剂清洁电池。

⑥当电池出现噪声、温度异常或者漏液时,请停止使用。

⑦不要挤压、撞击电池,否则电池会发热或起火。

⑧禁止过充电,禁止过放电,禁止正负极短路。

⑨厂家规定的其他注意事项。

2)电池对应配置及充电

应使用专用配套锂电池充电器。充电时,应在厂家指定的环境温度下进行,否则可能充不满额定电量。

充满电的电池,应从充电器上取下,以免过充,缩短电池寿命,降低性能。锂电池不能过充以及短路等,因此电池和充电器一定要具备过充、过放、短路等保护功能。

3)易燃材料的防护

易燃材料指燃点低于54.4°的任何材料,例如各种酮类材料、酒精类、石脑油、各种漆类材料和稀释剂、汽油、煤油、干燥剂、各种清洗液和其他挥发性溶剂等。

在现场使用的易燃材料,只能存放在合格的、不渗漏的有盖容器内,除有专门规定外,不准使用易燃材料的混合液。

易燃材料应远离明火、火花、电器开关及其他火源。使用易燃材料的房间或区域严禁吸烟,须使用防爆电气设备,工作人员不得穿着化学纤维的衣服和使用化纤材料的抹布,衣袋中不要装打火机。

使用易燃材料的场所,应有良好的通风设施,必要时,工作人员应戴口罩或防毒面具。使用有毒性材料应避免直接接触皮肤(戴防护手套或使用其他防护材料)。

因接触易燃材料而引起病态反应时,应立即脱去被污染的衣服,被污染的地板和设备应用水冲洗,受影响的人员要转移到新鲜空气中或立即请医生治疗。

2. 消防常识

(1)灭火要求

火的种类与灭火剂的选择:

①A 类火。由普通燃烧物,例如木材、布、纸、装饰材料等燃烧引起的火,称为 A 类火。A 类火最好用水或水类灭火剂灭火。

②B 类火。由易燃石油产品或其他易燃液体、润滑油、溶剂、油漆等燃烧引起的火,称为 B 类火。B 类火宜用二氧化碳、卤代烷或化学干粉灭火剂灭火。不能用水灭火剂,水灭火剂不但无效,而且易使火焰扩散。

③C 类火。通电的电气设备燃烧引起的火,称为 C 类火。C 类火最好用二氧化碳灭火剂灭火。

(2)防火要求

①当环境中散发大量易燃气体时,禁止使用明火和进行产生火花的工作,且所用电器装置必须是防爆式的。

②严格管理废油料。禁止在机库、厂房、工作房内及其排水沟内洒泼废油料,禁止乱扔和堆积油抹布、棉纱团等易燃物。

(3)人体着火时的应急措施

当人体意外着火时,受害人应尽可能屏住呼吸,尽快撤离火区,撤离时不要惊慌奔跑。受害人可在地上打滚,或用水喷灭火。

施救受害人时,可使用干粉灭火器、泡沫灭火瓶或高压龙头灭火,喷射受害人的身体中部,受害人用手捂住脸,以防受伤。明火扑灭后应立即将受伤人员送往医院救治。

3. 雷达波防护

若无人机上装备机载雷达,以下情况禁止打开雷达:

①在 30 m 内有飞行器在加或放燃油;

②在天线 15 m 内有人;

③前方 90 m 以内有金属障碍物(如其他飞行器、汽车或者大的金属物体)。

且应注意以下事项:

①当雷达处于发射状态时,禁止人员站在旋转的雷达天线前面和附近(距雷达天线 15 m 内的地方);

②雷达的校正工作只能在规定的电子调试区进行;

③调试时必须有防止电击的预防措施,在雷达部件上工作前,一定要用工具(如接地卡子和高压绝缘探头)释放高压电。

4. 眼睛防护

下列情境中,应采取眼睛防护措施:

①用软金属工具进行敲击时要佩戴防护眼镜;

②若进行切割工作时会甩出碎屑,要求直接操作者及周围的工作人员都要佩戴防护眼镜;

③在酸、碱喷洗和其他有害液体或化学药品作业时,要戴上面罩;

④在强烈阳光照射的机体表面或雪地条件下工作时,需佩戴适当色泽的护目镜。

5. 发动机危险区域及安全通道

发动机在地面试车运行时,有三种危险区域,人员在工作时要注意遵守安全规范。

①进气道危险区,此危险区会将人、地面污染物吸入发动机内。

②排气危险区,排气具有高速、高温、气体污染的特点,此危险区会对人和设备造成危害。

③噪声危险区,在此危险区长时间停留会对人的听力造成损害,所以应佩戴防护装备,如耳塞、耳罩等。

试车时,有一些区域是安全的,称为安全通道。具体情况请参考各机型的相关手册。

6. 无人机相关法律法规概况

目前,我国尚未形成完善的无人机法律法规及管理文件体系,只是在使用环节中,民用航空局颁布了《民用无人驾驶航空器系统空中交通管理办法》《轻小型无人机运行规定(试行)》《民用无人机驾驶员管理规定》等顶层法规和文件,《低空空域使用管理规定(试行)》《民用无人驾驶航空器系统适航管理要求(暂行)》和《民用无人驾驶航空器特殊适航证颁发和管理程序》等正处于征求意见中。

我国主导并发布了两项无人机领域国际标准,目前仍有多项国际标准在完善,而行业标准中只有 CH/Z 3001—2010《无人机航摄安全作业基本要求》、CH/Z 3002—2010《无人机航摄系统技术要求》两项测绘标准。民用无人机尚未形成健全的标准体系,这使得管理工作缺少标准规范的有力支撑,同时容易导致整个产业的无序发展。

中国无人机产业创新联盟发布了《民用无人机系统通用技术标准》《固定翼无人机系统通用技术标准》《多轴无人机系统通用技术标准》《单旋翼直升无人机系统通用技术标准》。这些无人机标准的发布,对促进和规范无人机产业健康有序发展将起到积极作用。

《无人机云系统接口数据规范》《无人机任务系统态势感知通用技术要求》《无人机机载任务系统情报侦察监视装(设)备通用技术要求》《无人机机载图像侦察吊舱规范》《无人机载数据链路技术标准》等行业规范与标准正在制订中。

7. 空中交通管理

(1)适用范围

空中交通管理是指依法在航路航线、进近(终端)和机场管制地带等民用航空使用空域范围内,或者对以上空域内运行存在影响的民用无人驾驶航空器系统活动的空中交通管理工作。

(2)飞行活动需满足条件 1

①机场净空保护区以外;

②民用无人驾驶航空器最大起飞质量小于或等于 7 kg;

③在视距内飞行,且天气条件不影响持续可见无人驾驶航空器;

④在昼间飞行,飞行速度不大于 120 km/h。

(3)飞行活动需满足条件 2

①民用无人驾驶航空器符合适航管理相关要求;

②驾驶员符合相关资质要求;

③在进行飞行前驾驶员完成对民用无人驾驶航空器系统的检查;

④不得对飞行活动以外的其他方面造成影响,包括地面人员、设施、环境安全和社会治安等;

⑤运营人员应确保其飞行活动持续符合以上条件。

(4)评估管理

民用无人驾驶航空器系统飞行活动需要评审时,由运营人员会同空中交通管制单位提出使用空域,对空域内的运行安全进行评估并形成评估报告。地区管理局对评估报告进行审查或评审,出具结论意见。对于需评估的内容,可参照《民用无人驾驶航空器系统空中交通管理办法》。

(5)无线电管理

①民用无人驾驶航空器系统活动中使用无线电频率、无线电设备应当遵守国家无线电管理法规和规定,且不得对航空无线电频率造成有害干扰。

②未经批准,不得在民用无人驾驶航空器上发射语音广播通信信号。使用民用无人驾驶航空器系统应当遵守国家有关部门发布的无线电管制命令。

8. 民用无人驾驶航空器实名制登记管理规定

(1)适用范围

本管理规定适用于在中华人民共和国境内最大起飞质量为 250 g 以上(含 250 g)的民用无人机。

（2）登记要求

自 2017 年 6 月 1 日起,民用无人机的拥有者必须按照本管理规定的要求进行实名登记。

2017 年 8 月 31 日后,民用无人机拥有者如果未按照本管理规定实施实名登记和粘贴登记标志的,其行为将被视为违反法规,其无人机的使用将受影响,监管主管部门将按照相关规定进行处罚。

（3）相关定义

民用无人机是指没有机载驾驶员操纵、自备飞行控制系统,并从事非军事、警察和海关飞行任务的航空器,不包括航空模型、无人驾驶自由气球和系留气球。

民用无人机拥有者指民用无人机的所有权人,包括个人、依据中华人民共和国法律设立的企业法人/事业法人/机关法人和其他组织。

民用无人机最大起飞质量是指根据无人机的设计或运行限制,无人机能够起飞时所容许的最大质量。

民用无人机空机质量是无人机制造厂给出的无人机基本质量。除商载外,该无人机做好执行飞行任务准备的全部质量,包含标配电池质量和最大燃油质量。

（4）民用无人机实名登记要求

这部分内容可以登录 https://uas.caac.gov.cn 进行了解。

9. 空中交通管理办法

为了加强对民用无人机飞行活动的管理,规范其空中交通管理的办法,保证民用航空活动的安全,2016 年中国民用航空局空中交通管理司下发了《民用无人机空中交通管理办法》,主要包括以下内容。

①民用无人机应当依法从事工业、农业、林业,渔业、矿业、建筑业的飞行和医疗卫生、抢险救灾、气象探测、海洋检测、科学实验、温感测绘、教育训练、文化体育、旅游观光等方面的飞行活动。

②民用无人机活动及其空中交通管理应当遵守相关法规和规定,其中包括《中华人民共和国民用航空法》《中华人民共和国飞行基本规则》《通用航空飞行管制条例》及民航局规章等。

③组织实施民用无人机活动的单位和个人应当按照《通用航空飞行管制条例》等规定申请划设及使用空域,接受飞行活动管理和空中交通服务,保证飞行安全。

④为了避免对运输航空飞行安全的影响,未经地区管理局批准,禁止在民用运输机场飞行空域内从事无人机飞行活动。申请划设民航无人机临时飞行空域时,应当避免与其他载人用航空器在同空域内飞行。

⑤由于无人机飞行过程中无执行任务机长,为了保证飞行安全,由无人机操控人员承担规定的机长权利和责任,并应当在飞行计划申请时明确无人机操控人员。

⑥组织实施民用无人机活动的单位或者个人应当具备监控或者掌握其无人机飞行动态的手段,同时在飞行活动过程中与相关管制单位建立可靠的通信联系,及时通报情况,接受空中交通管制。发生无人机飞行活动不正常情况,并且可能影响飞行安全和公共安全时,组织

实施民用无人机活动的单位或者个人应当立刻向相关管制单位报告。

⑦在临时飞行空域内进行民用无人机飞行活动时,由从事民用无人机飞行活动的单位、个人负责组织实施,并对其安全负责。

⑧民航空管单位应当按照有关法规和本规定的要求对民用无人机飞行活动进行空中交通管理,不得在一个划定为无人机活动的空域内同时为民用无人机和载人航空器提供空中交通服务。

⑨民用航空器机组人员发现无人机飞行活动时应当及时向相关空中交通管制部门报告。空中交通管制单位发现区域内有无人机活动或者收到相关报告时,应当向所管制的航空器通报无人机活动情报,必要时提出避让建议,并按要求向相关管制单位、空管运行管理单位和所在地的民航监管局通报。

⑩民用无人机活动中使用无线电频率、无线电设备应当遵守国家无线电管理法规和规定,且不得对航空无线电频率造成有害干扰。民用无人机遥控系统不得使用航空无线电频率。在民用无人机上设置无线电设备,使用航空无线电频率的,应当向民用航空局无线电管理委员会办公室提出申请。

⑪未经批准,不得在民用无人机上发射语音广播通信信号。

⑫使用民用无人机应当遵守国家有关部门发布的无线电管制命令。

任务 2 轻小型无人机运行规定

2015 年,中国民用航空局飞行标准司颁布了《轻小型无人机运行规定(试行)》。该规定包含目的,适用范围及分类,定义,民用无人机机长的职责和权限,民用无人机驾驶员资格要求,民用无人机使用说明书,禁止粗心或鲁莽地操控,摄入酒精和药物的限制,飞行前准备,限制区域,视距内运行,视距外运行,民用无人机运行的仪表、设备和标识要求,管理方式,无人机提供商须具备的条件,植保无人机运行要求,无人飞艇运行要求,废止和生效等。

1. 目的

近年来,民用无人机的生产和应用在国内外蓬勃发展,特别是低空、慢速微轻小型无人机数量快速增加,占到民用无人机的绝大多数。为了规范此类民用无人机的运行,依据 CCAR-91 部发布本规定。

2. 适用范围及分类

本规定适用以下范围:

①可在视距内或视距外操控、空机质量小于 116 kg、起飞全重不大于 150 kg 的无人机,校正空速不超过 100 km/h。

②起飞全重不超过 5 700 kg,距受药面高度不超过 15 m 的植保类无人机。

③充气体积在 4 600 m³ 以下的无人飞艇。

④适用无人机运行管理分类。

⑤Ⅰ类无人机使用者应安全使用无人机,避免对他人造成伤害,不必按照本规定后续规定管理。

⑥本规定不适用于无线电操控的航空模型,但当航空模型使用了自动驾驶仪、指令与控制数据链路或自主飞行设备时,应按照本规定管理。

⑦本规定不适用于室内、拦网内等隔离空间运行的无人机,但当该场所有聚集人群时,操控者应采取措施确保人员安全。

3. 飞行前准备

在开始飞行之前,机长应当做好以下准备:

①了解任务执行区域限制的气象条件。

②确定运行场地满足无人机使用说明书所规定的条件。

③检查无人机各组件情况、燃油或电池储备、通信链路信号等满足运行要求。对于无人机云系统的用户,应确认系统是否接入无人机云。

④制订出现紧急情况的处置预案,预案中应包括紧急备降地点等内容。

4. 限制区域

机长应确保无人机飞行时符合有关部门的要求,避免进入限制区域。

①对于无人机云系统的用户,应该遵守该系统限制。

②对于未接入无人机云系统的用户,应向相关部门了解限制区域的划设情况,不得突破机场障碍物限制面、飞行禁区、未经批准的限制区以及危险区等。

5. 视距内运行

无人机在视距内运行必须满足以下条件:

①必须在驾驶员或者观测员视距范围内运行。

②必须在昼间运行。

③必须将航路优先权让与其他航空器。

6. 视距外运行

无人机在视距外运行必须满足以下条件:

①必须将航路优先权让予有人驾驶的航空器。

②当飞行操控危害到空域的其他使用者、地面上人身财产安全或不能按照本规定要求继续飞行时,应当立即停止飞行活动。

③驾驶员应当能够随时控制无人机。对于使用自主模式的无人机,无人机驾驶员必须能够随时操控。

④出现无人机失控的情况,机长应该执行相应的预案,包括:无人机应急回收程序;对于接入无人机云的用户,应在系统内上报相关情况;对于未接入无人机云的用户,按照联系相关空管服务部门的程序,上报遵照以上程序的相关责任人名单。

7. 管理方式

民用无人机分类繁杂,运行种类繁多,所使用的空域远比有人驾驶航空器广阔,因此有必要实施分类管理,依据现有无人机技术成熟情况,针对轻小型民用无人机进行以下运行管理。

（1）民用无人机的运行管理

1）电子围栏

①对于Ⅲ、Ⅳ、Ⅴ和Ⅶ类无人机,应安装并使用电子围栏。

②对于在重点地区和机场净空区以下运行的Ⅰ类和Ⅴ类无人机,应安装并使用电子围栏。

2）接入无人机云的民用无人机

①对于重点地区和机场净空区以下使用的Ⅰ类和Ⅴ类的民用无人机,应接入无人机云,或者仅将其地面操控设备位置信息接入无人机云,报告频率至少每分钟1次。

②对于Ⅲ、Ⅳ、Ⅶ类的民用无人机应接入无人机云,在人口稠密区报告频率至少每秒1次,在非人口稠密区报告频率至少每30秒1次。

③对于Ⅳ类的民用无人机,增加被动反馈系统。

3）未接入无人机云的民用无人机

运行前需要提前向管制部门提出申请,并提供有效监视手段。

（2）民用无人机运营人的管理

根据《中华人民共和国民用航空法》规定,无人机运营人应当对无人机投保地面第三人责任险。

任务3　民用无人机驾驶员管理规定

2018年,中国民用航空局飞行标准司修订了《民用无人机驾驶员管理规定》。该规定主要包括目的、适用范围、定义、执照和等级要求、无人机系统驾驶员管理、修订说明等。

1. 目的

近年来随着技术进步,民用无人驾驶航空器(以下简称无人机)的生产和应用在国内外得到了蓬勃发展,其驾驶员(业界也称操控员、操作手、飞手等,在本咨询通告中统称为驾驶员)数量持续快速增加。面对这样的情况,局方有必要在不妨碍民用无人机多元发展的前提下,加强对民用无人机驾驶员的规范管理,促进民用无人机产业的健康发展。

由于民用无人机在全球范围内发展迅速,国际民航组织已经开始为无人机系统制定标准和建议措施(SARPs)、空中航行服务程序(PANS)和指导材料。这些标准和建议措施已日趋成熟,因此多个国家发布了管理规定。

无论驾驶员是否位于航空器的内部或外部,无人机系统和驾驶员必须符合民航法规在相应章节中的要求。由于无人机系统中没有机载驾驶员,原有法规有关驾驶员部分章节已不能适用,本文件对相关内容进行说明。

本咨询通告针对目前出现的无人机系统的驾驶员实施指导性管理,并将根据行业发展情况随时修订,最终目的是按照国际民航组织的标准建立我国完善的民用无人机驾驶员监管体系。

2. 适用范围

本咨询通告用于民用无人机系统驾驶人员的资质管理。其涵盖范围包括:
①无机载驾驶人员的无人机系统。
②有机载驾驶人员的航空器,但该航空器可同时由外部的无人机驾驶员实施完全飞行控制。

分布式操作的无人机系统或者集群,其操作者个人无需取得无人机驾驶员执照,具体管理办法另行规定。

3. 定义

本咨询通告使用的术语定义:
①无人机(UA:Unmanned Aircraft),是由控制站管理(包括远程操纵或自主飞行)的航空器。
②无人机系统(UAS:Unmanned Aircraft System),是指无人机以及与其相关的遥控站(台)、任务载荷和控制链路等组成的系统。
③无人机系统驾驶员,对无人机的运行负有必不可少职责并在飞行期间适时操纵无人机的人。
④等级,是指填在执照上或与执照有关并成为执照一部分的授权,说明关于此种执照的特殊条件、权利或限制。
⑤类别等级,指根据无人机产生气动力及不同运动状态依靠的不同部件或方式,将无人机进行划分并成为执照一部分的授权,说明关于此种执照的特殊条件、权利或限制。
⑥固定翼,指动力驱动的重于空气的一种无人机,其飞行升力主要由给定飞行条件下保持不变的翼面产生。在本规定中作为类别等级中的一种。
⑦直升机,是指一种重于空气的无人机,其飞行升力主要由在垂直轴上一个或多个动力驱动的旋翼产生,其运动状态改变的操纵一般通过改变旋翼桨叶角来实现。在本规定中作为类别等级中的一种。
⑧多旋翼,是指一种重于空气的无人机,其飞行升力主要由三个及以上动力驱动的旋翼

产生，其运动状态改变的操纵一般通过改变旋翼转速来实现。在本规定中作为类别等级中的一种。

⑨垂直起降固定翼，是指一种重于空气的无人机，垂直起降时由与直升机、多旋翼类似起降方式或其他推力等方式实现，水平飞行由固定翼飞行方式实现，且垂直起降与水平飞行方式可在空中自由转换。在本规定中作为类别等级中的一种。

⑩自转旋翼机，是指一种旋翼机，其旋翼仅在起动或跃升时有动力驱动，在空中平飞时靠空气的作用力推动自由旋转。这种旋翼机的推进方式通常是使用独立于旋翼系统的推进式动力装置。在本规定中作为类别等级中的一种。

⑪飞艇，是指一种由动力驱动能够操纵的轻于空气的航空器。在本规定中作为类别等级中的一种。

⑫视距内（VLOS：Visual Line of Sight）运行，无人机在驾驶员或观测员与无人机保持直接目视视觉接触的范围内运行，且该范围为目视视距内半径不大于 500 米，人、机相对高度不大于 20 米。在本规定中作为驾驶员等级中的一种。

⑬超视距（BVLOS：Beyond VLOS）运行，无人机在目视视距以外的运行。在本规定中作为驾驶员等级中的一种。

⑭扩展视距（EVLOS：Extended VLOS）运行，无人机在目视视距以外运行，但驾驶员或者观测员借助视觉延展装置操作无人机，属于超视距运行的一种。

⑮授权教员，是指持有按本规定颁发的具有教员等级的无人机驾驶员执照，并依据其教员等级上规定的权利和限制执行教学的人员。

⑯无人机系统的机长，是指由运营人指派在系统运行时间内负责整个无人机系统运行和安全的驾驶员。

⑰无人机观测员，由运营人指定的训练有素的人员，通过目视观测无人机，协助无人机驾驶员安全实施飞行，通常由运营人管理，无证照要求。

⑱运营人，是指从事或拟从事航空器运营的个人、组织或企业。

⑲控制站（也称遥控站、地面站），无人机系统的组成部分，包括用于操纵无人机的设备。

⑳指令与控制数据链路（C2：Command and Control data link），是指无人机和控制站之间为飞行管理之目的的数据链接。

㉑感知与避让，是指看见、察觉或发现交通冲突或其他危险并采取适当行动的能力。

㉒无人机感知与避让系统，是指无人机机载安装的一种设备，用以确保无人机与其它航空器保持一定的安全飞行间隔，相当于载人航空器的防撞系统。在融合空域中运行的 XI、XII 类无人机应安装此种系统。

㉓融合空域，是指有其它有人驾驶航空器同时运行的空域。

㉔隔离空域，是指专门分配给无人机系统运行的空域，通过限制其它航空器的进入以规避碰撞风险。

㉕人口稠密区，是指城镇、乡村、繁忙道路或大型露天集会场所等区域。

㉖空机重量，是指不包含载荷和燃料的无人机重量，该重量包含燃料容器和电池等固体装置。

㉗飞行经历时间，是指为符合民用无人机驾驶员的训练和飞行时间要求，操纵无人机或

在模拟机上所获得的飞行时间,这些时间应当是作为操纵无人机系统必需成员的时间,或从授权教员处接受训练或作为授权教员提供教学的时间。

㉘飞行经历记录本,是指记录飞行经历时间和相关信息的证明材料,包括纸质飞行经历记录本和由无人机云交换系统支持的电子飞行经历记录本。

㉙训练记录,是指为获取执照或等级而接受相关训练的证明材料,包括纸质训练记录和由无人机云交换系统支持的电子化训练记录。

㉚理论考试,是指航空知识理论方面的考试,该考试是颁发民用无人机驾驶员执照或等级所要求的,可以通过笔试或者计算机考试来实施。

㉛实践考试,是指为取得民用无人机驾驶员执照或者等级进行的操作方面的考试(包括实践飞行、综合问答、地面站操作),该考试通过申请人在飞行中演示操作动作及回答问题的方式进行。

㉜申请人,是指申请无人机驾驶员执照或等级的自然人。

㉝无人机云系统(简称无人机云),是指轻小民用无人机运行动态数据库系统,用于向无人机用户提供航行服务、气象服务等,对民用无人机运行数据(包括运营信息、位置、高度和速度等)进行实时监测。

㉞无人机云交换系统(无人机云数据交换平台),是指由民航局运行,能为多个无人机云系统提供实时数据交换和共享的实时动态数据库系统。

㉟分布式操作,是指把无人机系统操作分解为多个子业务,部署在多个站点或者终端进行协同操作的模式,不要求个人具备对无人机系统的完全操作能力。

4. 执照和等级要求

无人机系统分类较多,所适用空域远比有人驾驶航空器广阔,因此有必要对无人机系统驾驶员实施分类管理。

下列情况下,无人机系统驾驶员自行负责,无须执照管理:

A. 在室内运行的无人机。

B. Ⅰ、Ⅱ类无人机(分类等级见第6条C款。如运行需要,驾驶员可在无人机云交换系统进行备案。备案内容应包括驾驶员真实身份信息、所使用的无人机型号,并通过在线法规测试)。

C. 在人烟稀少、空旷的非人口稠密区进行试验的无人机。

在隔离空域和融合空域运行的除Ⅰ、Ⅱ类外的无人机,其驾驶员执照由局方实施管理:

A. 操纵视距内运行无人机的驾驶员,应当持有按本规定颁发的具备相应类别、分类等级的视距内等级驾驶员执照,并且在行使相应权利时随身携带该执照。

B. 操纵超视距运行无人机的驾驶员,应当持有按本规定颁发的具备相应类别、分类等级的有效超视距等级的驾驶员执照,并且在行使相应权利时随身携带该执照。

C. 教员等级:

①按本规则颁发的相应类别、分类等级的具备教员等级的驾驶员执照持有人,行使教员权利应当随身携带该执照。

②未具备教员等级的驾驶员执照持有人不得从事下列活动：

i）向准备获取单飞资格的人员提供训练。

ii）签字推荐申请人获取驾驶员执照或增加等级所必需的实践考试。

iii）签字推荐申请人参加理论考试或实践考试未通过后的补考。

iv）签署申请人的飞行经历记录本。

v）在飞行经历记录本上签字，授予申请人单飞权利。

D. 植保类无人机分类等级。

担任操纵植保无人机系统并负责无人机系统运行和安全的驾驶员，应当持有按本规定颁发的具备 V 分类等级的驾驶员执照，或经农业农村部等部门规定的由符合资质要求的植保无人机生产企业自主负责的植保无人机操作人员培训考核。

自 2018 年 9 月 1 日起，民航局授权行业协会颁发的现行有效的无人机驾驶员合格证自动转换为民航局颁发的无人机驾驶员电子执照，原合格证所载明的权利一并转移至该电子执照。原Ⅶ分类等级（超视距运行的Ⅰ、Ⅱ类无人机）合格证载明的权利转移至Ⅲ分类等级电子执照。

5. 无人机系统驾驶员管理

（1）执照和等级分类

对于完成训练并考试合格，符合本规定颁发民用无人机驾驶员执照和等级条件的人员，在其驾驶员执照上签注如下信息：

A. 驾驶员等级：

①视距内等级

②超视距等级

③教员等级

B. 类别等级：

①固定翼

②直升机

③多旋翼

④垂直起降固定翼

⑤自转旋翼机

⑥飞艇

⑦其他

C. 分类等级：

分类等级	空机重量（千克）	起飞全重（千克）
Ⅰ	0<W≤0.25	
Ⅱ	0.25<W≤4	1.5<W≤7
Ⅲ	4<W≤15	7<W≤25

续表

分类等级	空机重量（千克）	起飞全重（千克）
Ⅳ	15<W≤116	25<W≤150
Ⅴ	植保类无人机	
Ⅺ	116<W≤5 700	150<W≤5 700
Ⅻ	W>5 700	

D.型别和职位（仅适用于Ⅺ、Ⅻ分类等级）：

①无人机型别。

②职位，包括机长、副驾驶。

注1：实际运行中，Ⅲ、Ⅳ、Ⅺ类分类有交叉时，按照较高要求的一类分类。

注2：对于串、并列运行或者编队运行的无人机，按照总重量分类。

注3：地方政府（例如当地公安部门）对于Ⅰ、Ⅱ类无人机重量界限低于本表规定的，以地方政府的具体要求为准。

（2）颁发无人机驾驶员执照与等级的条件

局方应为符合相应资格、航空知识、飞行技能和飞行经历要求的申请人颁发无人机驾驶员执照与等级。具体要求为《颁发无人机驾驶员执照与等级的条件》（附件1）。

（3）执照有效期及其更新

A.按本规定颁发的驾驶员执照有效期限为两年，且仅当执照持有人满足本规定和有关中国民用航空运行规章的相应训练与检查要求、并符合飞行安全记录要求时，方可行使其执照所赋予的相应权利。

B.执照持有人应在执照有效期期满前三个月内向局方申请重新颁发执照。对于申请人：

①应出示在执照有效期满前24个日历月内，无人机云交换系统电子经历记录本上记录的100小时飞行经历时间证明。

②如不满足上述飞行经历时间要求，应通过执照中任一最高驾驶员等级对应的实践考试。

C.执照在有效期内因等级或备注发生变化重新颁发时，则执照有效期与最高的驾驶员等级有效期保持一致。

D.执照过期的申请人须重新通过不同等级相应的理论及实践考试，方可申请重新颁发执照及相关等级。

（4）教员等级更新

A.教员等级在其颁发月份之后第24个日历月结束时期满。

B.飞行教员可以在其教员等级期满前申请更新，但应当符合下列条件之一：

①通过了以下相应教员等级的实践考试：

i)对应Ⅲ、Ⅳ分类等级的教员等级的执照持有人，如果通过了任何一个Ⅲ、Ⅳ分类等级的教员等级的实践考试，则其所持有的有效的Ⅲ、Ⅳ分类等级的教员等级均视为更新。

ii)对应Ⅺ、Ⅻ分类等级的教员等级的执照持有人，如果通过了Ⅺ、Ⅻ分类等级的教员等级中任何一项的实践考试,则其教员的所有等级均视为更新,其相应Ⅺ、Ⅻ分类等级熟练检查不在有效期内的除外。

②飞行教员在其教员等级期满前90天内通过相应教员等级的更新检查:

i)对应Ⅲ、Ⅳ分类等级的教员等级的执照持有人,如果通过了Ⅺ、Ⅻ分类等级的教员等级的更新检查,则其所持有的有效的Ⅲ、Ⅳ分类等级的教员等级均视为更新。

ii)对应Ⅺ、Ⅻ分类等级的教员等级的执照持有人,如果通过了Ⅺ、Ⅻ分类等级的教员等级中任何一项的实践考试实践飞行科目,则其教员的所有等级均视为更新,其相应Ⅺ、Ⅻ分类等级熟练检查不在有效期内的除外。

③按本条 B.1)进行更新的,教员等级有效期自实践考试之日起计算。

(5)教员等级过期后的重新办理

A.飞行教员在其教员等级过期后,应当重新通过实践考试后,局方可恢复其教员等级。

B.当飞行教员的驾驶员执照上与教员等级相对应的等级失效时,其教员等级权利自动丧失,除非该驾驶员按本规定恢复其驾驶员执照上所有相应的等级,其中教员等级的恢复需按本规定关于颁发飞行教员等级的要求通过理论考试和实践考试。

(6)熟练检查

对于Ⅺ、Ⅻ分类等级驾驶员应对该分类等级下的每个签注的无人机类别、型别(如适用)等级接受熟练检查,该检查每12个月进行一次。检查由局方指定的人员实施。

(7)增加等级

A.在驾驶员执照上增加等级,申请人应当符合本条 B 款至 G 款的相应条件。

B.超视距等级可以行使相同类别及分类等级的视距内等级执照持有人的所有权利。在驾驶员执照上增加超视距等级,而类别和分类等级不变的,申请人应当符合下列规定:

①完成了相应执照类别和分类等级要求的超视距等级训练,符合本规定附件1关于超视距等级的飞行经历要求。

②由授权教员在申请人的飞行经历记录本或者训练记录上签字,证明其在相应的超视距等级的航空知识方面是合格的。

③由授权教员在申请人的飞行经历记录本或者训练记录上签字,证明其在相应的超视距等级的飞行技能方面是合格的。

④通过了相应的超视距等级要求的理论考试。

⑤通过了相应的超视距等级要求的实践考试。

C.在驾驶员执照上增加超视距等级的同时增加类别或分类等级的,申请人应当符合下列规定:

①满足本条 B 款的相关飞行经历和训练要求。

②满足本条 E 款或 F 款相应类别或分类等级的飞行经历和训练要求。

③通过了相应的超视距等级要求的理论考试。

④通过了相应的超视距等级要求的实践考试。

D.教员等级可以行使相同类别及分类等级的超视距等级持有人的所有权利。在驾驶员执照上增加教员等级,或在增加教员等级的同时增加类别或分类等级的申请人应当符合下列规定:

①完成了相应执照类别和分类等级要求的教员等级训练,符合本规定附件 1 关于教员等级的飞行经历要求。

②由授权教员在申请人的飞行经历记录本或者训练记录上签字,证明其在相应的教员等级的航空知识方面是合格的。

③由授权教员在申请人的飞行经历记录本或者训练记录上签字,证明其在相应的教员等级的飞行技能和教学技能方面是合格的。

④通过了相应的教员等级要求的理论考试。

⑤通过了相应的教员等级要求的实践考试。

E. 在驾驶员执照上增加类别等级,或在增加类别等级同时增加分类等级,申请人应当符合下列规定:

①完成了相应驾驶员等级及其类别和分类等级要求的训练,符合本规则规定的相应驾驶员等级及其类别和分类等级的航空经历要求。

②由授权教员在申请人的飞行经历记录本和训练记录上签字,证明其在相应驾驶员等级及其类别和分类等级的航空知识方面是合格的。

③由授权教员在申请人的飞行经历记录本和训练记录上签字,证明其在相应驾驶员等级及其类别和分类等级的飞行技能方面是合格的。

④通过了相应驾驶员等级及其类别等级要求的理论考试。

⑤通过了相应驾驶员等级及其类别和分类等级要求的实践考试。

F. 分类等级排列顺序由低到高依次为:Ⅲ、Ⅳ、Ⅺ、Ⅻ,高分类等级执照可行使低分类等级执照权利(不适用于Ⅴ分类等级)。在具备低分类等级的执照上增加高分类等级(不适用于Ⅴ分类等级),申请人应当符合下列规定:

①完成了相应驾驶员等级及其类别和分类等级要求的训练,符合本规定关于相应驾驶员等级及其类别和分类等级的航空经历要求,相同类别低分类等级无人机驾驶员增加分类等级须具有操纵所申请分类等级无人机的飞行训练时间至少 10 小时,其中包含不少于 5 小时授权教员提供的带飞训练。

②由授权教员在申请人的飞行经历记录本和训练记录上签字,证明其在相应驾驶员等级及其类别和分类等级的航空知识方面是合格的。

③由授权教员在申请人的飞行经历记录本和训练记录上签字,证明其在相应驾驶员等级及其类别和分类等级的飞行技能方面是合格的。

④通过了相应驾驶员等级及其类别和分类等级要求的实践考试。

G. 在驾驶员执照上增加Ⅴ分类等级,申请人应当符合下列规定:

①依据《轻小无人机运行规定(试行)》(AC-91-31),完成了由授权教员提供的驾驶员满足植保无人机要求的训练。

②由授权教员在申请人的飞行经历记录本或者训练记录上签字,证明其在植保无人机运行相关航空知识方面是合格的。

③由授权教员在申请人的飞行经历记录本或者训练记录上签字,证明其在植保无人机运行相关飞行技能方面是合格的。

④由授权教员在申请人的飞行经历记录本和训练记录上签字,证明其已取得操纵相应类

别Ⅴ分类等级无人机至少10小时的实践飞行训练时间。

⑤通过了相应类别等级植保无人机运行相关的理论考试。

（8）执照和等级的申请与审批

A. 符合本规定相关条件的申请人,应当向局方提交申请执照或等级的申请,申请人对其申请材料实质内容的真实性负责,并按规定交纳相应的费用。

在递交申请时,申请人应当提交下述材料:

①身份证明。

②学历证明(如要求)。

③相关无犯罪记录文件。

④理论考试合格的有效成绩单。

⑤原执照(如要求)。

⑥授权教员的资质证明。

⑦训练飞行活动的合法证明。

⑧飞行经历记录本。

⑨实践考试合格证明。

B. 对于申请材料不齐全或者不符合格式要求的,局方在收到申请之后的 5 个工作日内一次性书面通知申请人需要补正的全部内容。逾期不通知即视为在收到申请书之日起即为受理。申请人按照局方的通知提交全部补正材料的,局方应当受理申请。局方不予受理申请,应当书面通知申请人。局方受理申请后,应当在 20 个工作日内对申请人的申请材料完成审查。在局方对申请材料的实质内容按照本规定进行核实时,申请人应当及时回答局方提出的问题。由于申请人不能及时回答问题所延误的时间不记入前述 20 个工作日的期限。对于申请材料及流程符合局方要求的,局方应于 20 个工作日内受理,并在受理后 20 个工作日内完成最终审查作出批准或不批准的最终决定。

C. 经局方批准,申请人可以取得相应的执照或等级。批准的无人机类别、分类等级或者其他备注由局方签注在申请人的执照上。

D. 由于飞行训练或者实践考试中所用无人机的特性,申请人不能完成规定的驾驶员操作动作,因此未能完全符合本规定相关飞行技能要求,但符合所申请执照或者等级的所有其他要求的,局方可以向其颁发签注有相应限制的执照或者等级。

（9）飞行经历记录

申请人应于申请考试前提供满足执照或等级所要求的飞行经历证明。截止至 2018 年 12 月 31 日,局方接受由申请人与授权教员自行填写的飞行经历信息。自 2019 年 1 月 1 日起,申请人训练经历数据应接入无人机云交换系统,以满足申请执照或等级对飞行经历中带飞时间及单飞时间的要求。飞行经历记录填写规范参考《民用无人机驾驶员飞行经历记录填写规范》(附件 2)。

（10）考试一般程序

按本规定进行的各项考试,应当由局方指定人员主持,并在指定的时间和地点进行。

A. 理论考试的通过成绩由局方确定,理论考试的实施程序参考《民用无人机驾驶员理论考试一般规定》(附件 3)。

B.局方指定的考试员按照《民用无人机驾驶员实践考试一般规定》(附件4)的程序,依据《民用无人机驾驶员实践考试标准》(附件5)实施实践考试。

C.局方依据《民用无人机驾驶员实践考试委任代表管理办法》(附件6)委任与管理实施实践考试的考试员。

D.局方依据《民用无人机驾驶员考试点管理办法》(附件7)对理论及实践考试的考试点实施评估和清单制管理。

(11)受到刑事处罚后执照的处理

本规定执照持有人受到刑事处罚期间,不得行使所持执照赋予的权利。

6.修订说明

2015年12月29日,飞行标准司出台了《轻小无人机运行规定(试行)(AC-91-FS-2015-31)》,结合运行规定,为了进一步规范无人机驾驶员管理,对原《民用无人驾驶航空器系统驾驶员管理暂行规定(AC-61-FS-2013-20)》进行了第一次修订。修订的主要内容包括重新调整无人机分类和定义,新增管理机构管理备案制度,取消部分运行要求。

为进一步规范无人机驾驶员执照管理,在总结前期授权符合资质的行业协会对部分无人机驾驶员证照实施管理的创新监管模式经验的基础上,对原《民用无人机驾驶员管理规定(AC-61-FS-2016-20R1)》进行了第二次修订。修订的主要内容包括调整监管模式,完善由局方全面直接负责执照颁发的相关配套制度和标准,细化执照和等级颁发要求和程序,明确由行业协会颁发的原合格证转换为局方颁发的执照的原则和方法。

【课程育人】

无人机驾驶员国家职业标准,中国人力资源社会保障部组织有关专家制定了《无人机驾驶员国家职业技能标准(2021年版)》,将本职业分为五级/初级工、四级/中级工、三级/高级工、二级/技师、一级/高级技师五个等级。2020年,《无人机驾驶职业技能等级标准》在教育部门"1+X"职业技能等级证书平台发布了。该标准适用于中等职业学校,高等职业学校和应用型本科学校,面向数十种不同单位的职业岗位和无人机的应用场景。并且无人机驾驶职业技能等级分为初、中、高三个级别,高级别涵盖低级别职业技能要求。

无人机驾驶员职业技能等级标准如下:

【无人机驾驶】(初级):能按照厂家手册安装多旋翼类别无人机系统以及任务载荷,进行必要飞行前安全检查,操纵多旋翼类别无人机在视距内场景下起降以及运行,依据无人机系统手册完成日常的检查与维护工作。

【无人机驾驶】(中级):能按照厂家手册安装无人机系统以及远程地面控制站,完成所需的能源补充或燃料加注,进行系统整体安全检查,操纵无人机起降以及在超视距场景下的运行活动,以及保障运行所需的装配调整、维护工作。

【无人机驾驶】(高级):能根据飞行任务需要装配无人机整体系统以及任务载荷,并完成系统整体调试,设计作业方案及应急处置预案,操纵无人机在多种运行场景下完成运行,能进行作业数据后期处理,可以胜任无人机型号测试、出厂测试等工作,以及部件级别维修工作。

思考题

1. 为什么要考取无人机执照？
2. 怎样才能做到合法合规地驾驶无人机？

02
实操篇

项目 **5**　　飞行前的准备

学习内容

任务 1　信息准备
任务 2　飞行前的检测
任务 3　航线准备

知识目标

1. 了解无人机飞行前的信息准备。
2. 掌握无人机飞行前的检测方法。
3. 熟悉无人机飞行任务的航线。
4. 掌握无人机航线规划技巧。

技能目标

1. 掌握无人机飞行的条件,做好准备,保障无人机安全地起飞降落。
2. 具备理论联系实践,应用无人机技术的能力。

素质目标

1. 培养对科学技术的热爱,关注无人机技术与时代发展的联系。
2. 培养主动探索学习无人机技术的能力。
3. 树立新时代科学强国、自强不息的奋斗精神。

任务 1　信息准备

1. 起飞场地的选取

①距离军用、商用机场须在 10 km 以上;
②起降场地相对平坦、通视良好;
③远离人口密集区,半径 200 m 范围内不能有高压线、高大建筑物、重要设施等;

④起降场地地面应无明显凸起的岩石块、土坎、树桩,也无水塘、大沟渠等;

⑤附近应该没有正在使用的雷达站、微波中继、无线通信等干扰源,在不能确定的情况下,应测试信号的频率和强度,如对系统设备有干扰,须改变起降场地;

⑥无人机采用滑跑起飞、滑行降落的,滑跑路面条件应满足其性能指标要求;

⑦对于应急作业,比如灾害调查与监测等应急性质的航摄作业,在保证飞行安全的前提下,起降场地要求可适当放宽。

2. 气象情报的采集

(1)风对飞行的影响

风对飞行的影响最大。其次是温度、能见度和湿度。

①顺风是指风的运动方向与飞机起飞运动方向一致的风。这种情况下起飞是非常危险的,因为无人机的方向控制只能靠方向舵完成,而方向舵上没有风就无法正确控制方向,容易造成飞行事故。

②逆风是指风的运动方向与飞机起飞运动方向相反的风。这种情况下起飞是非常安全的,因为无人机的方向控制只能靠方向舵完成,而方向舵上有风就容易正确控制方向。

③侧风是从侧面吹来的风。飞机降落时如遇到侧风剧变,或会偏离跑道中线。近半数飞行事故是侧风造成的。在侧风情况下,要不断地调整飞行姿态和飞行方向,而且尽量向逆风方向调整,即在起飞阶段,飞机离开地面后,向逆风方向转弯飞行。

④风切变是指风速和风向在空间或时间上的梯度,是在相对小的空间里的风速或风向的改变。风切变对飞行的影响有:顺风风切变会使空速减小,逆风风切变会使空速增加,侧风风切变会使飞机产生侧滑和倾斜,垂直风切变会使飞机迎角变化。总的来说,风切变会使飞机的升力、阻力、过载和飞行轨迹、飞行姿态发生变化。

(2)上升气流与下降气流

空气出现湍流时往往没有明显的规律可循。气流在地势高低起伏的地方会产生动力效应:在迎风坡上升(利于延长飞行持续时间),然后下降,甚至突然下降并转向。在山区、滨海的沙丘和悬崖边飞行时,应该注意这种现象。

(3)云和雨

无人机对一个"魔鬼"敬而远之,此"魔鬼"就是积雨云。这种云形如铁砧,预示着暴雨即将来临。积雨云通常伴随骤雨、冰雹、强风。所有飞机都要避开积雨云,躲开强劲的气旋,以免导致飞机失控。积雨云的影响范围达到 10 km 以上,等积雨云远离后再让无人机起飞,才是稳妥的做法。云是无人机的敌人,它会让操作者看不到无人机,也会遮蔽入侵者。冬天,云层通常很低,应对方法是随时关注航空天气预报,可以根据天气预报做好安全防范。

(4)气象情报的采集

①风速的检测。风速在气象学中特指空气在水平方向的流动,即单位时间内空气移动的水平距离,以 m/s 为单位,取一位小数。最大风速是指在某个时段内出现的最大平均风速值;极大风速(阵风)是指某个时间内出现的最大瞬时风速值;瞬时风速是指 3 s 内的平均风速。风速可以用风速仪测出,风速分 12 级,1 级风是软风,12 级风是飓风,见表5-1。一般大于 4 级风(和风),就不适宜无人机的飞行。

表 5-1 自然风定级表

风级	风速（m/s）	风向	参照物现象
0	0~0.2	无风	烟直上
1	0.3~1.5	软风	树叶微动,烟能表示方向
2	1.6~3.3	轻风	树叶微响,人面感觉有风
3	3.4~5.4	微风	树叶和细枝摇动不息,旗能展开
4	5.5~7.9	和风	能吹起灰尘、纸片,小树枝摇动
5	8.0~10.7	清风	有时小树摇摆,内陆水面有小波
6	10.8~13.8	强风	大树枝摇动,电线呼呼响,举伞困难
7	13.9~17.1	疾风	全树摇动,大树枝弯下来,迎风步行不便
8	17.2~20.7	大风	树枝折断,迎风步行阻力很大
9	20.8~24.4	烈风	平房屋顶受到损坏,小屋受破坏
10	24.5~28.4	狂风	可将树木拔起,将建筑物毁坏
11	28.5~32.6	暴风	陆地少见,摧毁力很大,遭重大损失
12	>32.6	飓风	陆地上绝少,摧毁力极大

②湿度的测量。湿度是指空气中含水的程度,包括绝对湿度、蒸汽压、相对湿度、比湿、露点等。用来测量湿度的仪器叫作湿度计。

③能见度数据的采集。国际上对能见度的定义为:烟雾的能见度定义为不足 1 km;薄雾的能见度为 1~2 km;霾的能见度为 2~5 km。烟雾和薄雾通常被认作水滴的重要组成部分,而霾和烟由微小颗粒组成,粒径相比水滴要小。能见度不足 100 m 称为能见度为零,在这种情况下道路会被封锁,自动警示灯和警示灯牌会被激活以示提醒。在能见度低于 2 km 的情况下,无人机绝对不可以起飞。空军气象台预报的能见度是 1 km、2 km、4 km、6 km、8 km、10 km 和 10 km 以上几个等级。

任务2 飞行前的检测

1.动力系统检测

（1）发动机的检查

1）燃料的选择

加注燃料有酒精燃料和汽油燃料之分。酒精燃料主要包括无水甲醇、硝基甲烷和蓖麻油,比例为 3∶1∶1;汽油燃料一般为 93 号（92 号）汽油。根据布置飞行任务的时间及载重情况,决定加注燃料的多少。

2）发动机的启动与调整

如图 5-1 所示为甲醇燃料发动机和汽油燃料发动机。

甲醇燃料发动机

汽油燃料发动机

图 5-1　甲醇燃料发动机和汽油燃料发动机

发动机的启动与调整：

①无论是甲醇燃料发动机还是汽油燃料发动机，其启动过程比较复杂，但它们在启动过程中，对油门和风门的调整原理相似。

②油动发动机主油门针的调整是通过旋转主油门针调整手柄来完成的。

③风门的调节有粗调节、细调节和大风门调节三种。

（2）无刷电动机

1）无刷电动机试运行步骤

①首先用手指拨动桨叶，转动无刷电动机，确保没有转子碰擦定子的声音。

②将无刷电动机电缆接到控制器上。

③身体部位躲开螺旋桨旋转平面。

④将无刷电动机控制器上电，遥控器最后上电。

⑤轻轻拨动加速杆，螺旋桨旋转，并逐渐升速。

⑥加速杆拨回零位，螺旋桨旋转停止。

⑦无刷电动机控制器断电，遥控器最后断电。

⑧无刷电动机的准备工作结束。

2）电源的准备

①无人机上所用的电池主要是锂聚合物电池，具有容量大、质量轻（即能量密度大）、内阻小、输出功率大的特点。

②无人机锂聚合物电池一般是 2 节或者 3 节串联后使用，电压 12 V 左右。由于锂电池耐"过充"性很差，所以串联成的电池组在充电时必须对各电池独立充电，否则会造成电池永久性损坏。所以，对锂电池充电，需要使用专用的平衡充电器（图 5-2）。

图 5-2　锂聚合物平衡充电器

2. 机械系统检测

（1）舵机与舵面系统的检测

舵机检测内容主要包括：

①舵机摆动角度应与遥控器操作杆同步。

②舵机正向摆动切换到反向摆动时没有间隙。

③舵机最大摆动角度为 60°。

④舵机摆动速度是从 0° 至 60° 的时间，一般为 0.2 s。

⑤舵机摆动扭矩力，达到 5.5 kg/cm。

（2）舵机与舵面系统的调整

①舵机的调整，应保证舵机输出轴正反转之间不能有间隙，如果有间隙，用旋具拧紧固定。

②旋臂和连杆之间的连接间隙小于 0.2 mm。

③舵机旋臂、连杆、舵面之间的连接间隙也不能太小，以免影响其灵活性。

④舵面中位调整，尽量通过调节舵机旋臂与舵面旋臂之间连杆的长度使遥控器微调旋钮中位、舵机旋臂中位与舵面中位对应，微小的舵面中位偏差再通过微调旋钮将其调整到中位。

⑤尽量使微调旋钮在中位附近，以便在现场临时进行调整。

3. 无人机电子系统检测

无人机电子系统检测包括：

①电控系统电源的检测。

②电控系统运行检测。

③无人机机体检查。

④飞行平台检查。

⑤燃油和电池检查。

⑥弹射架检查。

⑦发动机启动后检查。

⑧附带设备检查。

⑨关联性检查。

任务 3　航线准备

1. 航路规划

航路规划是航线规划与轨迹规划的统称，航线规划与轨迹规划的共同点是考虑地形、气象等环境因素以及平台自身的飞行性能,为飞行器制定出从初始位置到目标位置的最优飞行路径。

(1)航路规划步骤

从任务说明书中(须执行的飞行任务)了解本次任务,包括上级部署的航线、飞行参数、动作要求。给出航路规划的任务区域,确定地形信息、威胁源分布的状况以及无人机的性能参数等限制条件。

对航路进行优化,满足无人机的最小转弯半径、飞行高度、飞行速度等约束条件。根据任务说明书(须执行的飞行任务)的内容,以及指定的航线,在电子地图上画出整个飞行的路线。

(2)航路的控制

航路控制是在姿态角稳定回路的基础上再加上一个位置反馈构成的。其工作过程如下:在无线信道畅通的条件下,由GPS定位系统实时提供飞机的经度和纬度,结合遥测数据链提供的飞机高度,将其与预定航路比较,得出飞机相对航路的航路偏差,再由飞行控制系统计算机计算出飞机靠近航路飞行的控制量,并将控制量发送给无人机的自动驾驶系统,机上执行机构控制飞机按航路偏差减小的方向飞行,逐渐靠近航路,最终实现飞机按预定航路的自动飞行,从而完成预定的飞行任务。

(3)航路的修正

在任务区域内执行飞行任务时,无人机是按照预先指定的任务要求执行一条参考航路,根据需要适时调整和修正参考航路。调整和修正参考航路只是局部的,要注意航路威胁源的避让。

给出威胁源的模型,用威胁半径为R的圆表示。建模的时候充分考虑不同的威胁源及其威胁等级,将其作为衡量航路路径选择的一个标准,使无人机在不同威胁源的情况下选择不同的航路。规划最安全的航路和最短的航路之间存在着矛盾,考虑安全性的同时还要考虑航路长度对燃油的消耗问题。两者结合考虑以获得最佳的航路,在安全范围内,又能少消耗燃油。

2.地面站设备准备

(1)地面站硬件设备的连接

地面站硬件设备主要是指地面站,它具有对自驾仪各种参数、舵机及电源进行监视和控制的功能。飞行前必须对其进行测试。将无人机地面站硬件设备放在工作台上,打开地面站的电源,准备好无人机地面站检查项目记录表格,逐项检查无人机地面站硬件设备的连接情况。

(2)地面站软件

不同的地面站软件界面略有不同,在地面站软件中,一般可以完成的功能有:

①飞行器实时信息的显示。

②飞行计划航线设置的功能区以及比例尺的显示。

③位置信息显示和地图种类选择。

④模拟状态的飞行软件选择、数传电台的数据传输情况,如图5-3所示。

图 5-3　地面站显示屏

⑤焦点飞行器实时姿态、速度、高度等飞行参数显示。

⑥地图区是屏幕中间最大的部分,用于观察飞行器姿态、航线设定、实时飞行控制等。

【课程育人】

什么是地图

地图是按照一定法则,有选择地以二维(2D)或三维(3D)形式在平面或球面上表示地球(或其他星球)若干现象的图形或图像,它具有严格的数学基础、符号系统、文字注记,并能科学地反映出自然和社会经济现象的分布特征及其相互关系。现阶段地图的定义是:以一定的数学法则(即模式化)、符号化、抽象化反映客观实际的形象符号模型,或者称为图形数学模型。

我国史书中早有地图有关的记载。《周礼·地官·土训》曰:"掌道地图,以诏地事。"郑玄注言:"说地图九州形势山川所宜。"《战国策·赵策二》曰:"臣窃以天下之地图案之,诸侯之地,五倍于秦。"《史记·刺客列传》曰:"诚得樊将军首与燕督亢之地图,奉献秦王,秦王必说见臣。"宋周辉《清波别志》卷上曰:"上命取地图视之。"陆定一在《老山界》中写到:"我们决定要爬一座三十里高的瑶山,地图上叫越城岭,土名叫老山界。"地图之学,中国自古重之。《史记》《汉书》明言舆地图者甚多;晋裴秀自制《禹贡地域图》十八篇;唐李吉甫《元和郡县图志》以当时四十七节镇为标准,每镇篇首皆有图,但俱佚不存。现存最古老的地图有 1974 年长沙马王堆三号汉墓出土的帛绘地图二幅,其次为现存西安碑林之刘豫阜昌七年刻石的《华夷图》与《禹迹图》。

随着科学技术的发展,在地图相关的领域中发生了许多引人注目的变化。

①以计算机为主体的电子设备在制图中广泛应用,地图不再限于用符号和图形表达在纸(或类似的介质)上,它可以数字的形式存储于磁介质上,或经可视化加工表达在屏幕上。

②由于航天技术的发展,出现了卫星遥感影像,这不但给地图制作提供了新的数据源,还可以把影像直接作为地理事物的表现形式,同时把人们的视野拓展到月球和其他星球。

③多媒体技术的发展,使得视频、声音等都可以成为地图的表达手段。

在《多种语言制图技术词典》中,地图的定义是:"地球或天体表面上,经选择的资料或抽象的特征和它们的关系,有规则按比例在平面介质上的描写。"国际地图学协会(ICA)地图学定义和地图学概念工作组的负责人博德(Board)和韦斯(Weiss)博士给出的定义是:"地图是地理现实世界的表现或抽象,以视觉的、数字的或触觉的方式表现地理信息的工具。"也有学者简单地将地图定义为"地图是空间信息的图形表达","地图是信息传输的通道"等。显然,这些定义关注了地图作为地理信息表达工具的功能,突出了数字制图环境下地图表现形式的多样化,也考虑了地图向其他天体的拓展,却忽视了地图的基本特性。从现代地图学的观点出发,可以这样来定义地图:"地图是根据一定的数学法则,将地球(或其他星球)上的自然和社会现象,通过制图综合所形成的信息,运用符号系统缩绘到平面上的图形,以传递它们的数量和质量,在时间上和空间上的分布和发展变化(田德森《现代地图学理论》)。"

以上定义主要研究的是模拟地图,是以地图符号的形式表达在纸上的地图。由于地图制作工艺已从传统的光化学—机械方法转变为全电子的数字制图工艺,在此还必须介绍另外两个新的术语:

①数字地图——存储于计算机可识别的介质上,具有确定坐标和属性特征,按特殊数学法则构成的地理现象离散数据的有序组合。

②电子地图——数字地图经可视化处理后在屏幕上显示出来的地图。

不管是数字地图或电子地图,它们都是地图的不同表现形式,其基本特性是不会改变的。

思考题

1. 规划无人机航线时应注意什么?
2. 无人机飞行过程中出现危险情况应采取哪些措施?

项目 **6**　飞行操作

 学习内容

任务1　遥控器操作
任务2　固定翼无人机飞行操纵
任务3　多旋翼无人机的飞行操作
任务4　认识植保无人机

 知识目标

1.了解无人机遥控器的基本操作。
2.掌握无人机飞行技巧。
3.熟悉固定翼无人机的基本操作。
4.掌握植保无人机基本操作方法以及结构组成。

 技能目标

1.学会操纵固定翼无人机,掌握多旋翼无人机的飞行技巧,熟悉遥控器的基本操作。
2.具备理论联系实践,应用无人机技术的能力。

 素质目标

1.培养对科学技术的热爱,关注无人机技术与时代发展的联系。
2.培养主动探索学习无人机技术的能力。
3.树立新时代科学强国、自强不息的奋斗精神。

任务1　遥控器操作

　　飞行操控是指通过手动遥控方式或采用地面站操纵无人机进行飞行,是无人机操控师需要掌握的核心技能。
　　飞行操控包括起飞操控、航线操控、进场操控和着陆操控四个阶段。
　　无人机型号众多,不同型号遥控器的操控方法与注意事项基本相同。可通过参考相应的设备使用说明书,掌握不同型号遥控器的功能与操作方法。

1. 遥控器的功能与组成

遥控器(Remote Control),意思是无线电控制,通过它可以对设备、电器等进行远距离控制。主要分为工业用遥控器和遥控模型用遥控器两大类(图6-1)。

图 6-1　遥控器

通道(Channel),简单地说就是遥控器可以控制的动作路数,比如遥控器只能控制四轴上下飞,那么就是 1 个通道。用最常见的四轴来举例,四轴在控制过程中需要控制的动作路数有上下、左右、前后、旋转,所以最好是 4 通道遥控器起,而且各个通道应该可以同时独立工作,不能互相干扰。

2. 遥控器的常用操作方式

(1)日本手

左手控制升降舵和方向舵,右手控制油门和副翼,如图6-2所示。

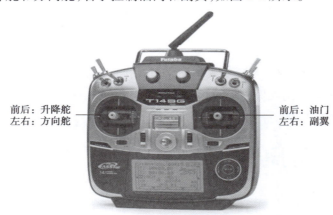

前后:升降舵　　　　　　　　　　前后:油门
左右:方向舵　　　　　　　　　　左右:副翼

图 6-2　日本手

(2)美国手

左手控制油门和方向舵,右手控制升降舵和副翼,如图6-3所示。

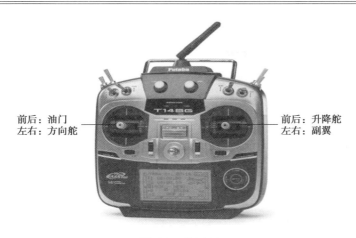

图 6-3　美国手

前后：油门　左右：方向舵

前后：升降舵　左右：副翼

3. 遥控器对频

遥控器的对频步骤如下:

①如果使用 1 个接收机,选择"SINGLE"[图 6-4(a)],如果 1 台发射机要对应 2 个接收机,则选择"DUAL"。选择后者的时候,需要同时与 2 个接收机进行对频,如图 6-4(b)所示。

②选择下拉菜单中的"LINK"并按下"RTN"键,如果发射机发出嘀嘀声,则表示已经进入对频模式,如图 6-4(c)所示。

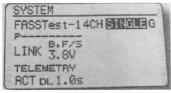
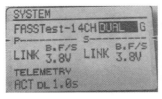
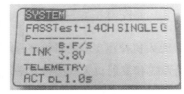

(a)"SINGLE"　　　　　(b)"DUAL"　　　　　(c)对频模式

图 6-4　对频步骤

③进入对频模式之后,立刻打开接收机的电源。

④打开接收机电源几秒钟后,接收机进入到等待对频状态。

⑤等到接收机的 LED 指示灯从闪烁变为绿灯长亮,则表示对频已完成(图 6-5)。

图 6-5　对频状态

4. 遥控器拉距实验

遥控器拉距实验的目的是对遥控系统的作用距离进行外场测试。每次拉距时，接收机天线和发射机天线的位置必须是相对固定的。

拉距的原则是要让接收机在输入信号比较弱的情况下也能正常工作，这样才可以认为遥控系统是可靠的。

具体的方法是将接收机天线水平放置，指向发射机位置，而发射机天线也同时指向接收机位置。由于电磁波辐射的方向性，此时接收机天线所指向的方向，正是场强最弱的区域。

任务 2　固定翼无人机飞行操纵

1. 常用起飞方法

固定翼无人机常用的起飞方法包括：
①滑行起飞（图 6-6）。

图 6-6　滑行起飞

②车载发射。
③空投。空投方式需要借助母机搭载固定翼升空，到达一定空域后释放，从而完成固定翼的发射工作。
④轨道弹射起飞（图 6-7）。
⑤手抛式起飞（图 6-8）。

图 6-7　轨道弹射起飞

图 6-8　手抛式起飞

2.副翼、升降舵和方向舵的基本功能

①副翼的功能：让机翼向右或向左倾斜。通过操作副翼可以完成飞机的转弯，也可以使机翼保持水平状态，从而让飞机保持直线飞行。

②升降舵的功能：当机翼处于水平状态时，拉升降舵可以使飞机抬头，当机翼处于倾斜状态时，拉升降舵可以让飞机转弯。

③方向舵的功能：在空中飞行时，方向舵主要用于保持机身与飞行方向平行；在地面滑行时，方向舵用于转弯。

3.滑跑与拉起

滑跑与拉起在整个飞行过程中是非常短暂的，但非常重要，决定飞行的成败。所以，在飞行操作之前，必须将各个操作步骤程序化，才能在短暂的数秒中完成几个操作。

（1）滑跑

①在整个地面滑跑过程中，保持中速油门，拉10°的升降舵。

②缓慢平稳地将油门加到最大，等待达到一定速度。

（2）起飞

①在飞机达到一定速度时，自行离地。

②在离地瞬间，将升降舵平稳回中，让机翼保持水平飞行。

③等待飞机爬升到安全高度。

（3）转弯

①当飞机爬升到安全高度时，进入第一个转弯，将油门收到中位，然后水平转弯。

②调整油门，让飞机保持水平飞行，进入航线（不管油门设在什么位置，都要注意让飞机在第一次转弯时保持水平飞行，以防止转弯后出现波状飞行）。

（4）进入水平飞行

①飞行轨迹的控制。飞机起飞后有充分的时间对油门进行细致的调整,以保持飞机水平飞行。但是在进行油门调整之前,首先要保证能够控制好飞机的飞行轨迹。

②进入水平飞行。从转弯改出后,进入顺风边飞行。此时不要急于调整油门,只有在操纵飞机飞行一段时间后,发现飞机一直持续爬升或下降,才需要进行油门的调整。所谓改出就是让飞机从非正常飞行状态下经操作进入正常飞行状态的过程。

在进行油门调整时,需要注意的是,在做完一次调整之后,要先操纵飞机飞一会儿,观察一下飞行状态,然后再决定是不是需要对油门继续进行进一步的调整。对于固定翼无人机的起飞操控需要多次反复练习,才可能熟练掌握。

4. 飞行航线操控

飞行航线操控一般分为手动操控与地面站操控两种方式,手动操控用于起飞和降落阶段,地面站操控用于作业阶段。

（1）手动操控

手动操控内容包括:直线飞行与航线调整;转弯与盘旋;高度控制与油门。

（2）地面站操控

地面站常用功能操作方法的参数设置如下:

①高度:无人机每次起飞前需要输入飞控所在的高度值。

②空速:将空速管进口挡住,阻止气流进入空速管,点击清零按钮可以将空速计清零。

③安全设置:地面站中的基本安全设置主要包括爬升角度限制和开伞保护高度等可能影响飞行安全的参数。根据不同软件的设定,其他可能需要设置的安全参数还包括俯冲角度限制、滚转角度限制、电压报警、最低高度报警等。

（3）捕获

捕获功能主要用于捕捉各个舵机关键位置,包括中立位、最大油门、最小油门、停车位。

（4）地图操作

①建立地图。通常可以使用电子地图或扫描地图。

②视图操作。可以对地图进行放大、缩小、平移等操作。

③测量距离。启用测距功能,使用鼠标点击测量相邻点间的距离和总距离。

④添加标志。在地图上需要添加标志的地方用鼠标直接操作生成对应的标志对象。

（5）航线操作

①新增航点。

②编辑航点。若有规划好的航线,点击"航线编辑"对话框,对话框中各航点的数据可以手工或用鼠标选择相应参数。

③删除航点。对于选中的航点,直接用 Delete 键可以删除航点,剩下航点会自动重排。

④上传下载航点。可以选择上传或下载单个或全部航点。

⑤自动生成航线。

（6）飞行记录与回放

①记录。运行软件后，选择"监视"功能，软件将打开串口并进入通信状态。打开飞空后，飞控初始发送"遥测数据"，软件一旦接收到数据，就会生成记录文件。下传的所有数据都会存入记录文件中。

②回放。运行软件，选择菜单"回放"功能后，软件会跳出选择回放文件的窗口，选择需要回放的文件记录后进入回放状态。按下回放按钮可以开始回放飞行数据，按下暂停按钮可以暂停回放。

（7）地面站航线飞行操作流程

①安装并连接地面站。

②安装机载设备，连接电源，连接空速管。

③飞机飞控开机工作 5 ~ 10 min。由于飞控会受温度影响，因此当室内外温差比较大时，将飞机拿到室外之后，应先放置几分钟，以使其内部温度平衡。

④打开地面站软件，参照飞行前检查表，对各个项目逐一进行检查。

⑤起飞后，如果飞机没有进行过调整并记录过中立位置，那么则需利用遥控器微调进行飞行调整，调整到理想状态时，地面站捕获中立位置；如果已经进行过飞行调整，则在爬升到安全高度后，切入航线飞行。

⑥当飞机飞出遥控器有效控制距离后，通过地面站关闭接收机，防止干扰或者同频遥控器的操作。

⑦在滑翔空速框中输入停车后的滑翔空速，在飞机发动机停车时能够及时按下"启动滑翔空速"。

⑧飞行完成后，飞机回到起飞点盘旋，如果高度过高，不利于观察，在地面站上降低起飞点高度，并上传。飞机自动盘旋下降到操控手能看清飞机的高度。

⑨遥控飞机进行滑跑降落，或遥控到合适的位置进行开伞降落。

5. 进场与降落操控

（1）进场操控

固定翼无人机的进场通常和有人飞机的进场一样，采用五边进近程序（图 6-9）。

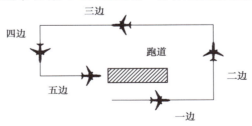

图 6-9　五边进近程序

1）正风进场

进场的组织确保第四边水平转弯发现并修正方向偏差，发动机急速运行。

2）侧风进场

①航向法修正侧风（偏流法）。航向法就是有意让飞机的航向偏向侧风的上风面一侧，机翼保持水平，以使飞行航迹与应飞航迹一致。航向法适用于修正较大的侧风。

②侧滑法修正侧风。向侧风方向压杆，使飞机形成坡度，向来风方向产生侧滑，同时向侧风反方向偏转方向舵，以保持机头方向不变。当侧滑角刚好等于偏流角时，偏流便得到了修正。

（2）降落操控

降落方式（图6-10）有：

①常用降落方式。

②起落架轮滑着陆。

③降落伞着陆。

④空中回收。

⑤拦截网回收。

⑥气垫着陆。

⑦垂直着陆回收方式。

图6-10　各种降落方式

（3）滑跑降落操作

①降落场地的选择。在选择降落场地时，应确保在无人机的平面转弯半径内没有地面障碍物以及无关的人员、车辆等。

②降落操作方法：进入降落航线时，收小油门，根据飞行速度来确定进入对头降落航线的距离；进入对头降落航线后，通常是将油门放到比怠速稍高一点；在对准航线，离降落点不远

的时候就应将油门放到怠速,在即将触地的时候,稍拉杆,让飞机保持仰角着陆;前三点式起落架应以后轮着地,而后三点式起落架则以前轮着地为佳。

（4）伞降操控

不同无人机伞舱所在的位置不同,开伞条件也不同,所以必须根据具体情况采用不同的开伞程序。这种方式适合小型无人机。

无人机伞降操作流程:

①进入回收航线。调整飞行轨迹以及航向,让无人机按预定的航线进入回收场地。

②动力飞行段。减速到预定速度,发出停车指令关闭发动机,飞机作无动力滑翔。

③开伞减速段。发出开伞指令,降落伞舱门打开,带出引导伞,然后由引导伞拉出主伞包;主伞经过一定时间的延时收口后完成充气张满,无人机作减速滑行。

④飘移段。无人机以稳定的姿态匀速降落。

（5）复飞操控

复飞,指的是无人机降落到即将触地着陆前,把油门调到最大位置(TO GA),并把机头拉起重新回到空中飞行的动作。

导致复飞的因素:天气因素;设备与地面因素;操作人员因素;紧急情况或其他原因必须复飞。

任务 3　多旋翼无人机的飞行操作

1.基础操作练习

（1）起飞与降落练习

多旋翼无人机起飞和降落的方法为垂直起降。依靠旋翼支撑其重量并产生升力和推力。它可以在空中飞行、悬停和垂直起降。

（2）升降练习

简单的升降练习可以锻炼对油门的控制,最好在户外进行操作练习。

①上升练习。练习上升操作时,(假设已经起飞)缓慢推动油门,此时飞行器会慢慢上升,油门推动越多(不要把油门推动到最高或接近最高),上升速度越大。在上升达到一定高度或者上升速度达到自己可控操作的限度时停止推动油门,这时,会发现飞行器依然在上升。若想停止上升,必须降低油门(同时注意,不要降低得太猛,保持匀速即可)直至飞行器停止上升。

②下降练习。在练习下降操作前,确保飞行器已经达到了足够高的高度,在飞行器已经稳定悬停时,开始缓慢拉下油门。注意,不能将油门拉得太低!

③俯仰练习(前行与后退):俯冲练习和上仰练习。

④偏航练习:左偏航和右偏航。

⑤翻滚练习:左侧翻滚练习和右侧翻滚练习。

左侧翻滚练习需要将方向杆向左侧拨动(将方向杆向左侧打)。将方向杆轻微向左侧拨动,飞行器左侧两个螺旋桨的转速会下降。这时会发现,飞行器开始倾斜,并且飞行器会向左侧飞行。等待飞出一定距离以后,将方向杆回中。

右侧翻滚练习和左侧翻滚练习类似,只是将方向杆向右侧拨动。

2. 日常飞行练习

①悬停。悬停是一项比较基本而且微操作较为复杂的一项操作。需要强调一下,悬停操作需要达到的要求有:保持飞行器高度不变,保持飞行不会出现前移后退,保持飞行器不会左右摇摆。悬停操作是几个日常操作练习中最为复杂的一项。须反复练习,用心体会。

②直线飞行。理论上来说,只需要推动方向杆即可。实际情况下不会这么简单。由于飞行控制的传感器和算法的问题,有时候是因为有风的缘故,飞行器不会完全按照发射机的操作来完成动作。所以这时需要调整发射机的操作,保证飞行器在沿直线飞行。

③曲线飞行。曲线飞行就是让飞行器沿着一条曲线飞行。可以是 Z 字型或 S 型的路线飞行,目的是锻炼操作人员自由操控飞行器的方式与感受飞行器飞行方式。

④爬升练习。主要是在飞行器前行的基础上提高飞行器的高度。在操作时,需要在推动方向摇杆使飞行器前进的同时,加大油门(油门大小视情况而定),在飞行时飞行器就会按照一个斜坡的方式开始爬升。等到爬升到一定高度的时候,停止爬升,接下来可以做下降练习。

⑤下降练习。下降练习与爬升练习相似,只不过这时需要降低高度,也就是降低油门。操作方式与上升也相似,向前推动方向摇杆,适当地拉下油门摇杆(有一点幅度即可,新手不宜过多),这时会看到飞行器开始降低高度。在飞行时需要注意,下降的最低限度是距离地面一人高,因为在最后停止下降时会有新手无法控制的一个阶段,要给自己留下一些控制余地,不要一降到底。这样的操作方式,很有可能毁坏飞行器。

任务4　认识植保无人机

农业植保无人机是用于农林植物保护作业的无人驾驶飞机,通过地面遥控或 GPS 飞控来实现喷洒作业,可以喷洒药剂、种子、粉剂等。由于农业植保无人机体积小、质量轻、运输方便、可垂直起降、飞行操纵灵活,对于不同的地域,不同地块,不同作物等具有良好的适应性。因此不管是在我国北方还是南方,丘陵还是平原,大地块还是小地块,农业植保无人机都拥有广阔的前景。

1. 无人机在农业植保应用中的优势

无人机用于农业植保具有以下优势。

(1)高效安全

农业植保无人机喷洒效率高, 喷洒装置宽度一般为 2 ~ 4 m,作业宽度一般为 4 ~ 8 m,并且能够与农作物的距离最低保持在 1 ~ 2 m 的固定高度,其效率要比常规喷洒至少高出 30 倍。且无人机实现远距离遥控操作,喷洒作业人员可更好地避免农药中毒的危险,喷洒作业的安全性得到了大大提高。

（2）防治效果好

喷雾药液在单位面积上覆盖密度越高、越均匀,防治效果就越好。无人机是螺旋机翼,作业高度比较低,当药液雾滴从喷洒器喷出时被旋翼的向下气流加速形成气雾流,直接增加了药液雾滴对农作物的穿透性,减少了农药飘失,并且药液沉积量和药液覆盖率都优于常规喷施,因而防治效果比传统喷施更好,同时也降低了农药对土壤造成的污染。

（3）节约

无人机喷洒技术采用喷雾喷洒方式至少可以节约 50% 的农药使用量,节约 90% 的用水量,这将在很大程度上降低资源成本。而且无人机折旧率低,单位作业人工成本低,易于维修。

（4）操控简便

植保无人机整体尺寸小,质量轻,起飞停靠不受地域限制,操控人员一般经过短期的训练即可掌握要领并执行任务。高端的无人机甚至可以实现 GPS 操控,按照设定的程序执行任务,从而避免漏喷或重喷。

2. 植保无人机的运行要求

植保无人机具有以下运行要求。

（1）飞行用途要求

①喷洒农药。

②喷洒用于作物养料、土壤处理、作物生命繁殖或虫害控制的任何其他物质。

③从事直接影响农业、园艺或森林保护的喷洒任务,但不包括播撒活的昆虫。

（2）人员要求

①运营人指定一个或多个作业负责人,该作业负责人应当持有民用无人机驾驶员合格证并具有相应等级,同时接受了下列知识和技术的培训或者具备相应的经验。

人员要求具备以下理论知识:

a. 开始飞行前应当完成的工作步骤,包括作业区的勘察。

b. 安全处理有毒药品的知识及要领和正确处理使用过的有毒药品容器的办法。

c. 农药与化学药品对植物、动物和人员的影响及作用,重点在计划运行中常用的药物以及使用有毒药品时应当采取的预防措施。

d. 人体在中毒后的主要症状、应当采取的紧急措施和医疗机构的位置。

e. 所用无人机的飞行性能和操控限制。

f. 安全飞行和作业程序。

g. 人员要求具备飞行技能,以无人机的最大起飞全重完成起飞、作业线飞行等操控动作。

②作业负责人对实施农林喷洒飞行的每个人员实施规定的理论培训、技能培训以及考核,并明确其在飞行中的任务和职责。

③作业负责人对农林喷洒飞行负责,其他作业人员应该在作业负责人的带领下实施作业任务。

④对于独立喷洒作业人员,或者从事作业高度在15 m以上的作业人员应持有民用无人机驾驶员合格证。

（3）喷洒限制

实施喷洒作业时,应当采取必要措施,避免喷洒的药物对地面的人员和财产造成危害。

（4）喷洒记录保存

实施农林喷洒作业的运营人应当在其主运行基地保存以下内容:

①服务对象的名称和地址。

②服务日期。

③每次飞行所喷洒物质的用量和名称。

④每次执行农林喷洒飞行任务的驾驶员的姓名、联系方式和合格证编号,以及通过知识和技术检查的日期。

3. 植保无人机在我国的发展趋势

众多无人机企业纷纷瞄准了农业植保领域,整个植保无人机行业出现蓬勃发展的态势。目前我国植保无人机主要发展趋势如下。

（1）无人机植保作业要紧贴农艺要求

目前,大部分无人机企业将主要精力投入在飞控软件、机身结构、功能扩展、App开发和云平台建设等方面,缺乏对农业植保作业相关的农艺要求的深入研究。特别对于单轴和多轴微小型植保无人机等机型在植保作业时的相关技术参数缺乏系统深入的研究,尚未形成一套科学完善的判别标准。

（2）操控简易

遥控式植保无人机操控复杂,尤其是单旋翼植保无人机,对操控人员的操控能力要求更高,且无法超视距飞行。随着植保无人机技术的不断发展,无人机操控系统设计会更加智能,实现定速仿地形飞行、自动返航、电子围栏等功能,既可以实现精准高效作业,又降低了操控人员的劳动强度。

（3）载荷更优化

目前植保无人机载荷一般为5～20 kg,载荷过小,需要频繁更换电池及药液,作业效率大打折扣,需要创新优化载荷。

（4）降低成本

目前国内植保无人机价格参差不齐,普遍偏高,一般轻小型植保无人机的价格在5万～20万元。但随着技术不断发展和市场需求量的增加,植保无人机价格应该趋于稳定合理。

（5）创新农业植保推广模式

农业植保服务队的新模式,实现由传统的农民购买农机向购买植保服务转变,取得较好的效果。

（6）出台相关标准

我国越来越多的省份开始引入植保无人机,但由于目前业内并无明确的行业标准,包括无人机自身技术、性能标准和植保标准,农机产品鉴定机构没有检验依据就无法实施推广鉴定,导致农机管理部门也无法将其纳入农机补贴目录。中国民航局飞行标准司在2015年正式发布《轻小无人机运行规定(试行)》,将植保无人机单独分类,相信随着相关生产、检验标准的不断完善,植保无人机的技术日趋完善。我国现代农业机械化进程的迫切需求,植保无人机纳入农机补贴范围会在不久的将来实现。

4.典型的农业植保无人机

MG-1农业植保无人机专为农业领域设计,机身防尘、防水、防腐蚀。整机包含完整的喷洒系统,内置定制飞控系统,具有智能、手动、增强型手动三种作业模式,可在各种形状的作业区域灵活方便地完成作业任务。配备雷达辅助定高模块,作业时可实现无人机与作物的相对高度始终不变。

遥控器配备喷洒系统控制功能键,配合作业状态显示板,可了解系统状态,方便远程操控进行喷洒作业。图6-11为MG-1农业植保无人机。

图6-11　MG-1植保无人机

MG-1农业植保无人机的主要特点:

①内置定制飞控系统,提供三种作业模式,即智能作业模式、手动作业模式和增强型手动作业模式。

智能作业模式下,无人机可沿特定路线喷洒农药,用户可设置作业间隔、无人机飞行速度等。该模式下用户可操控无人机进入连续智能作业状态,每小时作业量可达40~60亩(1亩≈666.67 m²)。

手动作业模式下,用户可手动开始与停止喷洒农药、随时调节喷洒速率等。

增强型手动作业模式下,飞控系统限制无人机最大飞行速度,同时锁定无人机航向。用户可通过摇杆控制无人机前后左右飞行,也可通过遥控器C1和C2按键使无人机向左或向右平移。

②具备两项智能记忆功能,即作业恢复功能和数据保护功能。智能作业模式下,若中途退出,无人机可记录中断坐标点,并在再次进入智能作业模式时自动返回该点。数据保护功能可在无人机电源断开后的这段时间里仍然保留系统记录数据,方便用户在更换电池后继续未完成的作业任务。

③配备完整的喷洒系统,包含作业箱、喷头等。两侧共有四个喷头,喷洒均匀,覆盖范围大。支持多种不同型号喷头,满足用户的不同需求。

④配备先进的雷达辅助定高模块,具有地形跟随功能,在智能作业和增强型手动作业模式下自动启用。MG-1农业植保无人机主要部件,如图6-12所示。

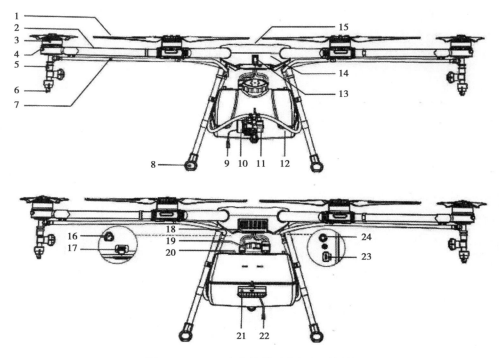

图 6-12　MG-1 农业植保无人机主要部件

1—螺旋架；2—机臂；3—电动机；4—方向指示灯；5—喷头；6—喷嘴；7—软管；8—起落架；
9—流动电动机线；10—液动电动机；11—液系；12—作业箱；13—无人机状态指示灯（机尾方向）；
14—无人机主体；15—GPS 模块；16—液系电动机接口；17—飞控调参接口；18—空气过滤罩；19—电源接口；
20—电池安装位；21—雷达辅助定高模块；22—雷达连接线；23—Lugbridge2/IOS5D 调参接口；24—雷达连线接口

遥控器主要部件名称，如图 6-13 所示。

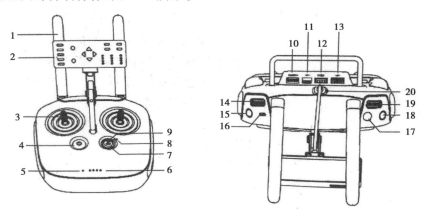

图 6-13　遥控器主要部件名称

1—天线；2—作业状态显示板；3—播杆；4—电源按键；5—温控器状态指示灯；6—温控器电量指示灯；
7—退航提示灯；8—作业模式切换开关；9—退航按键；10—Mint HDMI 接口；11—Micro USB 接口；
12—CAN 接口；13—USB 接口；14—喷洒速率拨轮；15—喷洒按键；16—飞行模式切换开关；17—A 键；
18—B 键；19—飞行速度设置转盘；20—显示板连接线

【课程育人】

植保无人机对农业发展的重要意义

传统的喷防机械效率低,人工成本也相对较高。由于种植面积大,病虫害暴发时需要尽快喷洒农药,效率低,喷防不到位,作物必定会受到影响,更重要的是,一旦病虫害暴发,参与喷防的人力都会非常难找。而且人工喷洒(图6-14)劳动强度大,作业时间长,容易引起作业人员药物中毒,同时作业质量差,受药面积和受药程度不均匀,达不到预期效果,在对高大密集型农作物作业时更是无能为力,导致防病虫或除草失败,这也是目前制约农作物全程机械化的主要技术瓶颈。

使用植保无人机(图6-15),不仅可以节约人力物力,而且与人工作业相比,可节约50% 的农药使用量,节约90%的用水量,降低资源成本,其喷防效果好,突击性能强、单位面积施药液量小、农药漂移少、不受作物长势的限制、避免农药中毒,适应各种地形等突出优点,从而得到越来越多的应用。

图 6-14　人工喷洒农药　　　　　　图 6-15　植保无人机喷洒农药

目前我国农业方面已朝着现代化、市场化、知识化、生态化和可持续化相互协调的方向发展。植保无人机超高的工作效率和劳动力、农业投入成本的节省,大大增加了农民的经济效益,推动农业快速发展,应用植保无人机作业具有相当大的经济和社会价值。

思考题

1. 遥控器美国手操作方式中,左右手分别控制哪些功能?
2. 固定翼无人机常用的起飞方法有哪些?

项目 7   飞行后的检查与维护

 学习内容

任务 1   飞行后检查
任务 2   飞行后维护

 知识目标

1. 了解无人机飞行注意事项。
2. 掌握无人机飞行后的检测与维护知识。
3. 熟悉无人机飞行后需要检测的项目。
4. 掌握无人机飞行后保养与维护的技巧。

 技能目标

1. 掌握必要的检查与维护知识。
2. 具备理论联系实践,应用无人机技术的能力。

 素质目标

1. 培养对科学技术的热爱,关注无人机技术与时代发展的联系。
2. 培养主动探索学习无人机技术的能力。
3. 树立新时代科学强国、自强不息的奋斗精神。

任务 1   飞行后检查

1. 油量检查计算记录

(1)油位查看

发动机自带油箱已不能满足要求,需要专门制作合适的油箱;油箱应尽量靠近发动机,以减少无人机飞行姿态变化时油箱液位的变化量。油箱装满混合油后的油面应与发动机汽化器喷油嘴或喷油管中心持平或稍低;对于没有刻度的油箱,首先通过手摇泵、电泵或注射器把油箱内的油转入量杯内,通过读取量杯的示值来获得油量。对于有刻度的油箱,直接读取油箱上的刻度即可获得油箱中油量。

(2)油量计算

通过量杯或油量表获得剩余燃油油量后,用于计算飞行时间。

2. 电气、电子系统检查及记录

(1)无人机电源电压检查

①对于无人机飞行后的电量检查,主要包括机载电源和遥控器电源电压和剩余电量的检查,其中机载电源包括点火电池、接收机电池、飞控电池和航机电池。

②根据蓄电池的标准读取编号并进行记录。拔下控制电源、驱动电源、机载任务电源等快接插头;将快捷便携式电压测试仪的快接插头连接到上述各个电源快接插座上;读取数字电压表数值;记录数字电压表数值,如果飞行前电压是 7 V,飞行后电压是 6 V,则说明电池运行正常,若飞行后电压是 4 V,低于蓄电池的正常工作电压,则说明电池已损坏,需及时更换。

(2)电子系统运行检查

①检查绝缘导线标记及导线表面质量及颜色是否符合相关要求。

②用放大镜检查芯线有无氧化、锈蚀和镀锡不良现象,端头剥皮处是否整齐、有无划痕等。

③检查线路布设是否整齐、无缠绕,若有问题要详细记录。

④检查电池与机身之间是否固定连接,接收机、GPS、飞控等机载设备的天线安装是否稳固,接插件连接是否牢固。

3. 机体检查及记录

(1)机体外观检查

①机翼检查。无人机机翼翼梁采用主梁和翼型隔板结构,目前普遍设计成玻璃钢结构,玻璃钢材料的特点是韧性好,裂纹扩散较慢,出现裂纹后容易发现。

②机体检查。检查前把机体水平放置于较平坦位置,逐一检查机身、机翼、副翼、尾翼等有无损伤,修复过的地方应重点检查;逐一检查舵机、连杆、舵角、固定螺钉等有无损伤、松动和变形;检查中心位置是否正确,向上提伞带使无人机离地,模拟伞降,无人机落地姿态是否正确。

(2)部件连接情况检查

1)各分部件检查

①弹射架的检查。采用弹射起飞的无人机系统,应检查弹射架,此处弹射架特指使用轨道滑车、橡皮筋的弹射机构。

②起落架部件的目视检查。在检查起落架的一些拉杆、支撑杆、支架等部件时,要用手推拉晃动结合检查。

2）部件连接检查

①逐一检查机翼、尾翼与机身连接件的强度、限位是否正常，连接结构部分是否有损伤。

②检查螺旋桨是否有损伤，紧固螺栓是否拧紧，整流罩安装是否牢固。

③检查空速管安装是否牢固，胶管是否破损、无老化，连接处是否密闭。

④检查降落伞是否有损伤，主伞、引导伞叠放是否正确，伞带是否结实、无老化。

⑤检查伞舱的舱盖是否能正常弹起，伞舱四周是否光滑，伞带与机身连接是否牢固。

⑥检查外形是否完好，与机身连接是否牢固，机轮旋转是否正常。

4. 机械系统检查及记录

舵机的检查：

①舵机输出轴正反转之间不能有间隙，如果有间隙，用旋具拧紧其顶部的固定螺钉。

②舵机旋臂与连杆（钢丝）之间的连接间隙小于 0.2 mm，即连杆钢丝直径与旋臂及舵机连杆上的孔径要相配。

③舵机旋臂、连杆、舵面旋臂之间的连接间隙也不能太小，以免影响其灵活性。

④舵面中位调整，尽量通过调节舵机旋臂与舵面旋臂之间连杆的长度使遥控器微调旋钮中位、舵机旋臂中位与舵面中位对应，微小的舵面中位偏差再通过遥控器上的微调旋钮将其调整到中位。尽量使微调旋钮在中位附近，以便在现场临时进行调整。

5. 发动机检查及记录

（1）发动机固定情况的检查

固定发动机的螺钉常用圆柱头螺钉和半圆头螺钉，最好用圆柱头螺钉，也可用一字槽圆柱头或内六角圆柱头螺钉。发动机带有消声器及螺钉直径较大时，最好用内六角圆柱头螺钉。

（2）螺旋桨固定情况的检查

对于所有类型的螺旋桨，在飞行前都要对螺旋桨桨毂附近进行滑油和油脂的泄漏检查，并检查整流罩以确保安全。整流罩是一个典型的非运转部件，但必须安装到位，以产生适当的冷却气流。还要检查桨叶是否过量松动（但要注意有些松动被称为桨叶微动，属于设计中固有的），无论何时在螺旋桨及其附近工作，都要避免进入螺旋桨旋转的弧形区域内。

（3）发动机的检查

检查各个零件装得是否正确与牢固。容易装错的地方是喷油管上的喷油孔方向。如喷油管上只有一个喷油孔，此孔应对向曲轴，不能对着进气气流（这会使油喷不出来）；有的喷油管上有两个喷油孔，应使这两个孔都正对进气管管壁。如转动曲轴而活塞不动，这往往是连杆下端没有套上曲柄销或是连杆折断等原因引起的，此时应拧下机匣后盖进行检查。容易拧得不牢或不紧的地方是气缸或气缸头和机匣的连接，以及机匣后盖和机匣的连接。

任务 2 飞行后维护

1. 电气维护

（1）无人机电源的更换

电源电量不足时，需要把耗完电的电池组从电池仓中拆卸下来，将已充好电的电池安装上去。

（2）无人机电源的充电

将拆卸下来的电池连接充电器，充电指示灯正常，按规定时间充好电后，拔下充电器，将充好电的电池放到规定位置备用。

（3）电气线路的检测与更换

检查连接插头是否松动；更换破损老化的线路；使用酒精擦拭污物；防止引起短路；对焊点松脱处进行补焊。

2. 机体维护

（1）机体的清洁保养

①定期冲洗无人机表面的污染物。

②加强润滑。接头摩擦表面、轴承和操作钢丝的正常润滑十分重要，在高压冲洗或蒸汽冲洗后的润滑不容忽视，冲洗过后必须添加润滑剂。润滑剂除了能有效防止或减缓功能接头盒摩擦表面的磨蚀外，对静态接头的缝隙腐蚀的防止或减缓作用也很大。对静态接头在安装时使用带缓蚀剂的润滑脂包封。

③保持无人机表面光洁。无人机表面的光洁与否，将直接影响到机件的腐蚀速率。表面如果粗糙不平，与空气接触面积将会增大，也会加大尘埃、腐蚀性介质和其他脏物在表面的吸附，从而促进腐蚀的加快。

（2）机翼、尾翼的更换

连接结构部分有损伤时，需要对机翼、尾翼进行更换。更换步骤如下：

①将机身放置于平整地面，拧下尾翼螺钉，卸下已经损害尾翼、尾翼插管及定位销。

②安装新的尾翼插管及定位销，安装尾翼并固定尾翼螺钉。

③将与机翼连接的副翼线缆机空速管断开。

④拧下机翼固定螺钉，卸下已经损坏的机翼及中插管。

⑤安装完好的中插管及机翼，固定机翼螺钉。

⑥连接空速管及副翼舵机。

（3）起落架的更换

起落架损坏过于严重时，需要对其进行更换。

①松开起落架与机身底部的螺钉。

②取下起落架。

③修整起落架或更换新的起落架。

④更换已经磨损的轮子。

⑤将修好或新的起落架重新用螺钉固定到机身底部。

（4）发动机的拆装

首先应准备好工具。还要有一个盛放拆卸下来的零件及螺钉的盒子，防止碰坏或丢失。

①先将无人机机身固定，用相关工具卸下连接发动机和无人机机体的螺钉，并将螺钉、螺帽、垫片等放于盛放零件的盒子内。

②螺钉都拆卸完后，把发动机从无人机机身中拿出，放于平坦处。

③发动机完成维护保养后，将发动机安装回原位。

（5）螺旋桨的更换

螺旋桨安装，将螺旋桨装在发动机输出轴前部的两个垫片间，转动曲轴使活塞向上运动并开始压缩，同时将螺旋桨转到水平方向，然后用扳手（不能用平口钳）拧紧桨帽，并将螺旋桨固定在水平方向上。

注意：不要将螺旋桨装反了，桨叶切面呈平凸形，应将凸的一面靠向前方。

正确的桨叶安装方法为两两对称（四轴无人机）。安装好的四轴航拍无人机和六轴组装无人机如图7-1和图7-2所示。

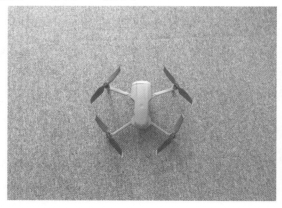 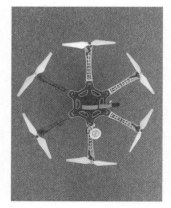

图7-1　四轴航拍无人机　　　　　图7-2　六轴组装无人机

【课程育人】

无人机未来的发展对战争形态的影响

智能化：未来的无人机将更加智能化，能够自主完成各种作战任务。随着人工智能技术不断发展，无人机将具备更强的感知能力和自主决策能力，能够在无人机之间、无人机与人之间进行高效的协同作战。无人机的智能化将大大提高战争的效率和精度。

信息化：未来的无人机将更加信息化，能够通过网络与其他无人机、传感器、指挥中心等进行联网，实现实时共享战场信息。无人机通过搭载各种类型的传感器和摄像头，能够对敌方目标进行实时监视和情报收集，为战场指挥提供精准的情报支持。

　　机动性:未来的无人机将更加机动化,能够在复杂的战场环境中灵活移动和作战。无人机的机动性将大大提高战争的灵活性和反应速度,能够更好地适应现代战争的快节奏、高强度的特点。

　　精确度:未来的无人机将具备更高的精确度,能够在各种复杂的战场环境中精准打击敌方目标。无人机通过搭载各种类型的导弹、炸弹等武器,能够实现高精度的打击,从而最大限度地减少误伤和伤害。

思考题

　　为什么要进行飞行后的检查与维护?

项目 **8**　　模拟器的使用

学习内容

任务1　常用飞行模拟器的介绍
任务2　凤凰模拟器的安装调试与使用
任务3　模拟器功能介绍
任务4　模拟器基础飞行练习

知识目标

1. 了解什么是无人机飞行模拟器。
2. 掌握无人机飞行模拟器的基本操作方法。
3. 熟悉怎样调试无人机飞行模拟器。
4. 掌握无人机飞行模拟器的基本练习功能。

技能目标

1. 熟练使用模拟器,学会调整参数。
2. 具备理论联系实践,应用无人机技术的能力。

素质目标

1. 培养对科学技术的热爱,关注无人机技术与时代发展的联系。
2. 培养主动探索学习无人机技术的能力。
3. 树立新时代科学强国、自强不息的奋斗精神。

任务 1　常用飞行模拟器的介绍

使用飞行模拟器训练具有以下优点:

①降低"炸机"频率节约时间成本。对于无人机操控新手,"炸机"几乎是不可避免的,有可能造成无人机的损坏,所以新手入门先从模拟器开始练起,达到一定水平再练习真机飞行是最为合理的学习方式。

②没有电量限制,可以长时间练习,无人机电池容量有限,飞行时间一般不超过 20 min,

在入门阶段,需要长时间的训练,模拟器里的飞行器没有电量限制,可以满足长时间训练要求。

③不受地点、天气等条件的限制。无人机训练有严格的场地要求和天气要求,而模拟器不受这些条件限制。

④可以快速提升技术。利用模拟器可以练习各种飞行技巧。对于固定翼来说,有很多特技飞行可以进行模拟飞行表演,如眼镜蛇机动、钟形机动、滚筒、锤头机动、库尔比特、落叶飘、殷麦曼、莱维斯曼……

任务 2　凤凰模拟器的安装调试与使用

连接电脑前的准备工作,如图 8-1 所示。

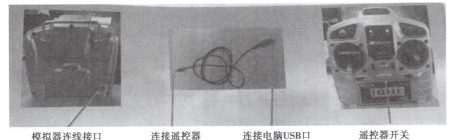

模拟器连线接口　　　连接遥控器　　　连接电脑USB口　　　遥控器开关

图 8-1　准备工作

具体操作步骤如下:

①双击桌面的模拟器软件(图 8-2),如果提示升级请连续两次单击"否"。

②startphoenixR/C 页面如图 8-3 所示,单击右上角的"×"号,出现如图 8-4 所示软件页面。

图 8-2　模拟器软件

图 8-3　模拟器软件主页

图 8-4　软件页面

③单击左上角"系统设置"→"配置新遥控器"进入遥控器设置(图 8-5)。

图 8-5　操作设置

④单击"下一步",如图 8-6 所示。

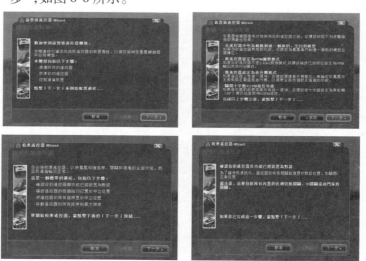

图 8-6　校对内容

⑤根据向导提示,将遥控器左右两个摇杆置于中立位置,如图 8-7 所示。

⑥划动遥控器两个摇杆,确定遥控沿着边缘画圆,同时能够看到动画跟随画圆,如图 8-8 所示。

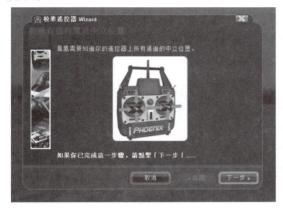

图 8-7　向导操作 1

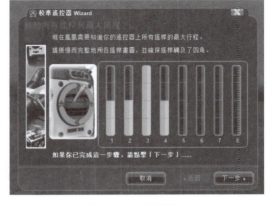

图 8-8　向导操作 2

⑦推动各个摇杆,确定达到最大位置,包括旋钮和二、三挡开关,如图 8-9 所示。

⑧检验校准结果,如果在推动一个摇杆时有两个黄色条状在大幅度滑动,则证明打开了混合模拟,需要关闭混合模型(图 8-10)。

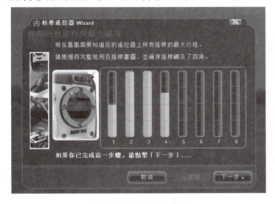

图 8-9　向导操作 3

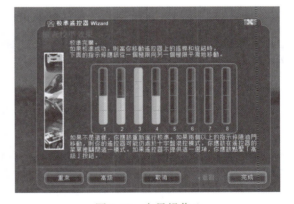

图 8-10　向导操作 4

⑨点击完成之后根据向导指示来到通道设置环节,首先还是要确定遥控器摇杆在中立位置(图 8-11)。

⑩引擎设置——推动油门摇杆,如图 8-12 所示。

⑪螺距设置——推动油门摇杆,如图 8-13 所示。

⑫方向舵设置——左右推动方向舵摇杆,如图 8-14 所示。

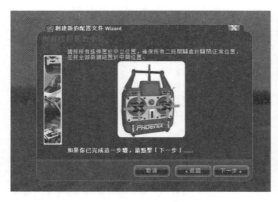

图 8-11　向导操作 5

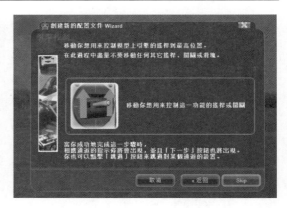

图 8-12　向导操作 6

图 8-13　向导操作 7

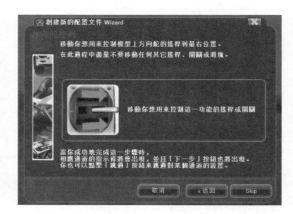

图 8-14　向导操作 8

⑬升降舵设置——推动升降舵摇杆，如图 8-15 所示。

⑭副翼设置——左右推动副翼摇杆，如图 8-16 所示。

图 8-15　向导操作 9

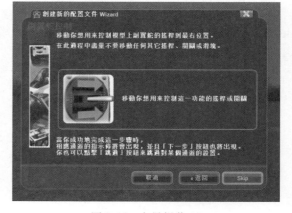

图 8-16　向导操作 10

⑮起落架和襟翼不用设置。单击"Skip",如图 8-17 所示。

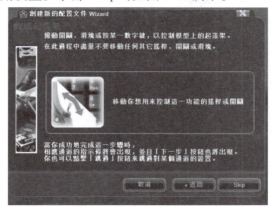

图 8-17　向导操作 11

⑯单击"完成"设置完毕(图 8-18)。

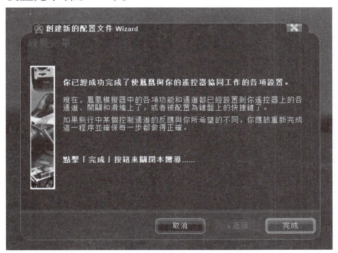

图 8-18　向导操作 12

任务 3　模拟器功能介绍

模拟器里面有很多功能,可供用户选择合适的场景、天气等来完成比较逼真的飞行练习。

①"系统设置"里能够进行"配置新遥控器""选择遥控器""控制通道设置""键盘通道设置""程序设置",如图 8-19 所示。

②"选择模型"里面可以"更换模型""编辑模型"等,并可根据需要进行其他设置,如图 8-20 所示。

③"选择场地"可根据需要进行场地更换和设置场地天气及布局,也可以增加"系统设置"的模友一起飞行,并可观看系统模拟的飞行,如图 8-21 所示。

图 8-19　系统设置

图 8-20　选择模型

图 8-21　选择场地

④可根据需要选择系统设置好的天气进行训练,如图 8-22 所示,在这种复杂的天气里面训练会更接近实际飞行。

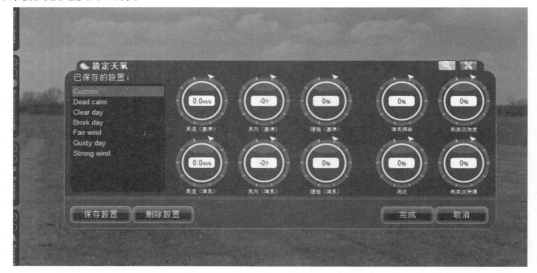
图 8-22　设定天气

"选择场地"里也可以选择场地布局,按照场地布局去加强训练,如图 8-23 所示。

图 8-23　场地布局

⑤"查看信息"里面可根据需要增加辅助飞行的数字化仪器、设备等,如图 8-24 所示。

⑥可利用"飞行记录"功能记录自己飞行,如图 8-25 所示。

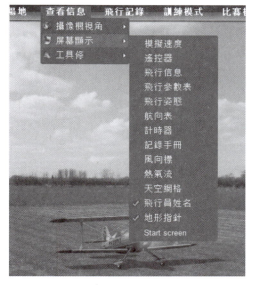

图 8-24 查看信息

图 8-25 飞行记录

⑦可利用"比赛模式"进行趣味性、竞赛性训练练习,如图 8-26 所示。

⑧也可以多人联机练习飞行,如图 8-27 所示。

图 8-26 比赛模式

图 8-27 联机模式

任务 4 模拟器基础飞行练习

1. 起飞与降落

练习起飞与降落是飞行过程中首要的操作,虽然简单但不能忽视其重要性。

（1）起飞练习

轻推油门等待四旋翼无人机起飞。注意推动油门时一定要轻，即使是推动一点距离电机还没有启动，也一定要轻，这样可以防止由于油门过大而无法控制飞行器，在无人机起飞后，不能保持油门不变，而是待无人机达到一定高度，一般是离地 1 m 时开始降低油门，并不停地调整油门的大小，使无人机在一定范围内移动（图 8-28）。

图 8-28　起飞练习

（2）降落练习

轻轻下拉油门，使无人机缓慢靠近地面；离地 5 ~ 10 cm 处时稍微推动油门，降低下降速度；然后再次降低油门直至无人机触地，触地后不得推动油门；油门降到最低，螺旋桨停止转动。相对于起飞来说，降落是一个更为复杂的过程，需要反复练习。

在降落和起飞的操作中还需要保证无人机的稳定，无人机的摆动幅度不可过大，否则起降时有可能打坏螺旋桨（图 8-29）。

图 8-29　起降过程中操作不当打坏螺旋桨

2. 升降练习

升降练习不仅可以锻炼初学者对油门的控制，还可以让初学者学会稳定无人机的飞行。

（1）上升练习

上升是指螺旋桨转速增加，无人机向上移动的过程。这个过程主要操纵油门操纵杆。练习上升操作时，轻推油门，此时无人机缓慢上升，油门推动越多，上升速度越大。在上升达到一定高度或者上升速度达到自己可控操作的限度时停止推动油门，这时无人机依然上升。若想停止上升，必须降低油门，须控制降低幅度，避免油门降低过猛，保持匀速即可，直至无人机停止上升（图 8-30）。

图 8-30　上升练习

（2）下降练习

下降过程与上升过程相反。下降时,螺旋桨的转速降低,无人机会因为缺乏升力开始降低高度。在开始练习下降操作前,确保无人机已经达到足够的高度。在无人机已经稳定悬停时,开始轻拉油门。注意,不要将油门拉太低,在无人机有较为明显下降时,停止下拉油门摇杆,这时无人机还会继续下降。同时注意不要让无人机过低,在达到一定高度时开始推动油门迫使无人机下降速度减慢（图 8-31）。

图 8-31　下降练习

（3）俯仰练习

俯仰操作也是飞行的基本操作,是使无人机前行和后退的操作,如图 8-32 所示。

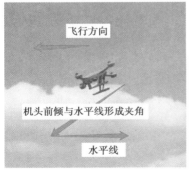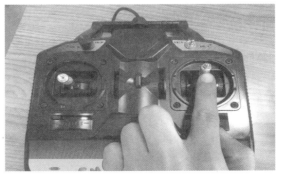

图 8-32　俯仰练习

（4）上仰练习

上仰操作与俯冲操作类似，需要下拉升降舵摇杆。在拉动的过程中，无人机尾部两个螺旋桨转速降低，机头两个螺旋桨转速加快。无人机会呈现机头上仰，机尾向下的状态，无人机会向机尾后退，如图 8-33 所示。

图 8-33　上仰练习

（5）偏航练习

偏航练习是指用于学习无人机改变航线的练习。在飞行过程中改变航向也是一项基本操作。

左偏航练习是无人机前行时，使它进行左偏航的操作。在进行偏航操作时，使用到的摇杆是油门和方向舵，左偏航时，向左轻推方向舵摇杆，无人机机头会开始转向，如图 8-34 所示。

图 8-34　左偏航练习

左转弯：这项操作需要使用升降舵操作来配合。首先需要使用升降舵让无人机前行，向左轻打方向舵，然后停止操作（保持现在的摇杆位置），无人机已经开始向左转弯。保持摇杆位置在 2 ~ 4 秒即可将方向舵回中。

右偏航练习与左偏航同理，只是操作时应向右推动方向舵摇杆。

（6）侧飞练习

侧飞练习是指让无人机向左侧或向右侧倾斜后飞行的练习。

1）左侧飞练习

左侧飞练习需要将副翼向左侧拨动，无人机左侧两个螺旋桨转速会降低，右侧两个螺旋桨转速增加，并且无人机向左侧倾斜，往左侧飞行，等待飞出一段距离后将副翼归中（图8-35）。

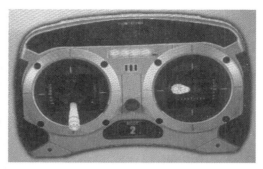

图 8-35 左侧飞练习

2）右侧飞练习

右侧飞练习和左侧飞练习类似，只是将副翼舵向右侧拨杆。无人机右侧两个螺旋桨转速降低，左侧两个螺旋桨转速增加，无人机会出现右侧高度降低的状态并且向右侧飞行。飞行一段距离后将副翼杆回中，无人机停止飞行，如图 8-36 所示。

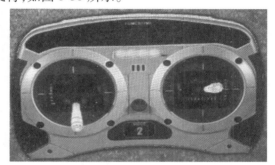

图 8-36 右侧飞练习

（7）对尾悬停练习

对尾悬停训练是"飞手"最基础的训练，对于初学者初次飞行时首先需要完成的就是对尾悬停。需要达到的目标是让无人机在操作者身前 2~3 m，高度 1.5~2 m 空中悬停维持 10~20 s，始终让无人机的尾巴朝向操控者。我们的练习机没有配备定高等辅助模块，所以在练习对位悬停时，能够保证无人机在很小的范围内漂移即可，当你能让练习机在高度不变完全悬停在一个点上的时候，证明你的悬停技术已经比较娴熟了。

3.基本航线练习

（1）直线飞行练习

直线飞行是一个相对简单的操作，飞行器起飞后向上推动升降舵迫使无人机向前飞行，飞行中使用方向舵或副翼调整飞行姿态，需要注意的是，在推升降舵或拉升降舵的时候，无人机有上升或下降的趋势，如果幅度过大会导致无人机直接冲向地面（图 8-37）。

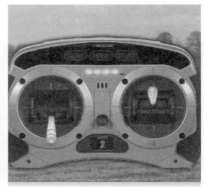

图 8-37　操纵幅度过大无人机冲向地面

（2）曲线飞行练习

曲线飞行练习就是让无人机沿着一条曲线飞行，可以是 Z 字形（图 8-38）或 S 字形路线。曲线飞行操作有别于直线飞行。

图 8-38　Z 字形路线

首先使用油门控制无人机高度，并保持机头方向不变，然后使用升降舵和副翼控制无人机前进和侧飞，逐步控制即可完成机头方向不变的曲线飞行，在练习了前进方向的飞行后，可以试着练习后退时的曲线飞行，如图 8-39 所示。

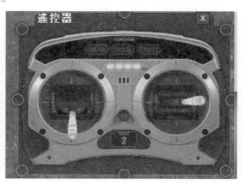

图 8-39　曲线飞行练习

（3）爬升练习

爬升练习类似于爬坡，主要是提高无人机飞行高度，相对来说这个练习比较简单。用升降舵使无人机前进，在前进的同时缓慢加大油门，让无人机沿斜坡的方向前进并提升高度。

在爬升时要注意,当开始推升降舵时,无人机可能会下沉,同时速度可能会降低,所以这种情况下要增大油门,而到了最高点时,如果仅仅是将升降舵恢复到中立位置,无人机还会上升,这时需要适当地降低油门,如图 8-40 所示。

 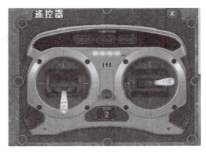

图 8-40　爬升练习

(4)下降练习

下降练习与爬升练习类似,只不过是在飞行中降低油门,操作方式为向前推动升降舵,适当地下拉油门杆,这时会看到无人机开始降低高度,在飞行时要注意,下降的最低限度是距离地面一人高,因为最后停止下降时会有初学者无法合理控制的一个阶段,要给自己留一些余地,不要一降到底,否则很有可能损坏无人机(图 8-41)。

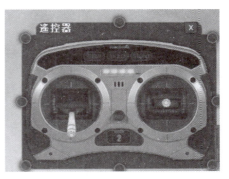

图 8-41　下降练习

4.进阶无人机飞行

学习了基础飞行之后,需要再提升自己的飞行技巧,这就需要学习一些相对复杂的飞行动作和航线飞行。

(1)侧位悬停飞行

侧位悬停(图 8-42)是指无人机升空之后,相对于操控者而言,机头向左(左侧位)或向右(右侧位)完成定点悬停。侧位悬停是继对尾悬停过关后首先要突破的一个科目。侧位悬停极大地增加操控者对无人机姿态的判断感觉,尤其是远近的距离感。

图 8-42　侧位悬停飞行

侧位悬停中,要分清机头方向,例如进行右侧位悬停练习时,发现无人机往操控者右手方向偏飞,需要打杆让无人机回原位,这时是向下拉升降舵而不是向左打副翼。

图 8-43　对头悬停练习

(2)对头悬停练习

无人机升空后,相对于操控者来说,机头方向朝向操控者,完成定点悬停,即对头悬停,如图 8-43 所示。

(3)360°自旋

360°自旋训练是"飞手"的进阶训练,在熟练完成对尾悬停之后,可以尝试完成此训练。需要达到的目标是在对尾悬停的基础上完成无人机顺时针或逆时针缓慢原地旋转一周,旋转一周的时间在 15 s 以上。

5.安全飞行

(1)飞行环境要求

四旋翼无人机飞行环境要求如下:

①尽量选择平坦地面起飞和降落。

②在起飞前,确保飞行场地周围无闲杂人等,无人机飞行环境内无大型障碍物,飞行远离人群。

③恶劣天气下禁止飞行。

④选择开阔、周围无高大建筑的场所作为飞行场地,避免飞行中发生碰撞。

⑤飞行时,保持视线内控制、远离障碍物、人物、人群、树木、水面、高压线等。不要在禁飞区飞行,如机场、部队驻地附近。

(2)飞行检查和注意事项

无人机飞行作业过程中的意外事故很大一部分是因为前期无人机检查工作不够仔细。无人机上面任何一个小问题都有可能导致在飞行过程中出现重大事故,因此,在飞行前应该做足检查,防患未然。

1)通电前

①检查螺旋桨是否完好,是否安装结实,螺旋桨正反是否安装正确。

②检查各个部件是否安装结实,线路是否正常。

③检查电池是否有破损、胀气、漏液现象;测量电压是否足够。

2)通电后

①电调指示提示是否正确。

②各电子设备有无发热现象。

③指示灯是否正常。

3)预飞行

轻推油门,观察各个螺旋桨是否正常转动;进行前后左右、自旋测试,观察无人机飞行是否正常;检查遥控器舵量是否正常。

4)飞行中

①应时刻清楚无人机的姿态、飞行时间、位置及其状态。

②确保无人机和人员处于安全距离,否则进行调整或降落。

③确定无人机电量足够其返航及安全返航。

④若无人机发生故障,要首先确保人员安全。

5)飞行结束

①无人机降落后,确保遥控器锁定,切断接收机端各类电源,再切断发射端电源。

②检查电量、无人机和机载设备。

③相关设备放置得当。

【课程育人】

建党节的由来

1921 年 7 月 23 日,中国共产党第一次全国代表大会在上海召开,代表有:李达、李汉俊(代表上海共产主义小组),张国焘、刘仁静(代表北京共产主义小组),毛泽东、何叔衡(代表长沙共产主义小组),董必武、陈潭秋(代表武汉共产主义小组),王尽美、邓恩铭(代表济南共产主义小组),陈公博(广州),周佛海(旅日)。包惠僧受陈独秀的派遣参加了会议。另外,共产国际代表马林也出席了会议。李大钊和陈独秀都因当时有事无法脱身而没有参加党的一大。但是后来由于种种原因,7 月 1 日成为中国共产党成立的纪念日。

中国共产党于 1921 年 7 月成立以后,由于斗争的残酷,在很长一段时间内都没有条件组织统一的活动来纪念党的生日。直至 1936 年中国共产党成立十五周年的时候,党的一大代表陈潭秋同志在莫斯科出版的《共产国际》杂志第七卷上,发表了《第一次代表大会的回忆》一文,以表示对党的诞生的纪念。这篇文章是以一大开幕的具体月份为依据的,而不是以一大开幕的具体日期为依据。

把 7 月 1 日作为中国共产党的诞辰纪念日,是毛泽东同志于 1938 年 5 月提出来的。当时,毛泽东在《论持久战》一文中提出:“今年七月一日,是中国共产党建立十七周年纪念日。”这是中央领导同志第一次明确提出“七·一”是党的诞辰纪念日。当时,在延安的曾经参加过一大的党的创始人只有毛泽东和董必武两人。他们回忆一大是七月份召开的,但记不清楚确切的开会日期。又因为缺乏档案资料,一时无法查证,所以就把 7 月 1 日确定为党的诞生纪念日。

“七·一”作为党的生日,最早见于中央文件是在 1941 年 6 月。当时,中共中央发出了《关于中国共产党诞生二十周年抗战四周年纪念指示》。“指示”说:“今年七·一是中共产生的二十周年,‘七·七’是中国抗日战争的四周年,各抗日根据地应分别召集会议,采取各种办法,举行纪念,并在各种刊物出特刊或特辑。”这是以中共中央指示的方式明确规定 7 月 1 日为庆祝建党的日子。此后,全党开始大规模地举行纪念党的生日的活动。而“七·一”就作为党的生日固定下来。

党的一大开幕日期到 20 世纪 70 年代末才由党史工作者考证清楚。根据新发现的史料和考证的成果,人们确定一大的召开日期是 1921 年 7 月 23 日。在一大召开的日期考证清楚以后,有的同志提出党的诞辰纪念日是否也要做相应的改变?当时中央领导同志认为,党的诞辰纪念日没有必要改变,因为这同党的一大召开、闭幕日期不是一回事。虽然党的诞辰纪念日并不是党的一大召开的具体日期,但是,“七·一”这个光辉的节日已经深深地铭刻在全党和全国各族人民的心中。

思考题

1. 模拟器存在的意义是什么？
2. 模拟飞行与实际飞行存在哪些差异？

学习内容

任务 1   多旋翼无人机基础飞行练习
任务 2   多旋翼无人机进阶飞行训练
任务 3   多旋翼无人机专业飞行训练以及应急返航
任务 4   航拍无人机基本操作流程

知识目标

1. 了解多旋翼无人机的基础操作。
2. 掌握无人机进阶飞行练习的技巧。
3. 熟悉无人机专业飞行训练技巧,灵活掌握。
4. 掌握无人机应急返航的必备知识。

技能目标

1. 学会无人机的基本飞行操作,具备无人机出现紧急情况下的应急返航能力。
2. 具备理论联系实践,应用无人机技术的能力。

素质目标

1. 培养对科学技术的热爱,关注无人机技术与时代发展的联系。
2. 培养主动探索学习无人机技术的能力。
3. 树立新时代科学强国、自强不息的奋斗精神。

任务 1   多旋翼无人机基础飞行练习

1. 多旋翼无人机对尾定点起飞和定点降落

对尾训练(图 9-1)技术要求:掌握遥控器基本通道作用和功能,以美国手(右手上下为升降舵,左右为副翼,左手上下为油门,左右为方向舵)为例。起飞时左手上下控制油门,向上推逐渐加量（初学者此时禁止打方向）使无人机飞到一定高度，右手左右控制副翼，注意修正飞机两侧位置（无人机左飘，右副翼修正加量；右飘，左副翼修正加量），无人机前后摇摆，修正飞机可通过右手上下控制升降舵逐渐增量（下升降舵修正前飘，上升降舵修正后飘），使飞机始终在降落点 H 附近。

图 9-1　对尾训练

2. 多旋翼无人机定点定位对头悬停

对头训练（图 9-2）技术要求：起飞时左手上下控制油门，向上推逐渐加量，使无人机飞到一定高度，左手左右方向逐渐加量（左右方向均可以转向），右手左右控制副翼，注意修正飞机两侧位置（无人机左飘，左副翼修正加量；右飘，右副翼修正加量），无人机前后摇摆，修正飞机可通过右手上下控制升降舵逐渐增量（下升降舵修正前飘，上升降舵修正后飘），使飞机始终在降落点 H 附近。

图 9-2　对头训练

3. 多旋翼无人机定点定位对左悬停

对左训练(图9-3)技术要求:起飞时左手上下控制油门,向上推逐渐加量,使无人机飞到一定高度,左手左右方向逐渐加量(直至对左平行),右手左右控制副翼,注意修正飞机两侧位置(无人机左飘,右副翼修正加量;右飘,左副翼修正加量),无人机前后摇摆,修正飞机可通过右手上下控制升降舵逐渐增量(下升降舵修正前飘,上升降舵修正后飘),使飞机始终在降落点 H 附近。

图9-3　对左训练

4. 多旋翼无人机定点定位对右悬停

对右训练(图9-4)技术要求:起飞时左手上下控制油门,向上推逐渐加量,使无人机飞到一定高度,左手左右方向逐渐加量(直至对右平行),右手左右控制副翼,注意修正飞机两侧位置(无人机左飘,右副翼修正加量;右飘,右副翼修正加量),无人机前后摇摆,修正飞机可通过右手上下控制升降舵逐渐增量(下升降舵修正前飘,上升降舵修正后飘),使飞机始终在降落点 H 附近。

图9-4　对右训练

5. 多旋翼无人机一字航线飞行(绕障碍物)

无人机航线飞行训练(图9-5)技术要求:掌握遥控器基本通道作用和功能,以美国手(右手上下为升降舵,左右为副翼,左手上下为油门,左右为方向舵)为例。起飞时左手上下控制油门,向上推逐渐加量,使无人机飞到一定高度,右手左右控制副翼,注意修正飞机两侧位置(无人机左飘,右副翼修正加量;右飘,左副翼修正加量),无人机前后摇摆,修正飞机可通过右手上下控制升降舵逐渐增量(下升降舵修正前飘,上升降舵修正后飘),飞机向前升降舵逐渐向上增量,(稳步提量)此过程注意修正左右副翼的杆量,控制飞机平衡。飞机转弯方向舵逐渐增量(左右均可)修正副翼,控制飞机转弯平稳,转弯完毕后对头飞行(此过程注意飞机机头飞行方向,平衡状态,做出相应的调整,飞机必须飞行平稳,方向正确)飞向起飞点,飞机转弯方向舵逐渐增量(左右均可)修正副翼,控制飞机转弯平稳,而后飞机对尾悬停,直至飞机安全降落。

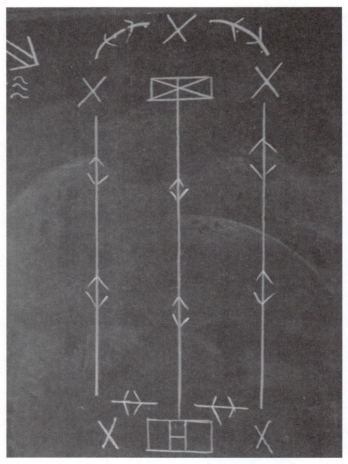

图9-5 无人机航线飞行训练

6. 多旋翼无人机越障碍练习(S 型避障)

无人机越障碍练习(图 9-6)技术要求:无人机起飞定高,直线飞行 1.5 m,进入第一个障碍物并绕过①号障碍物(方向舵右舵逐渐加量,机头转向率适中,绕过①号障碍物后,机头回正,方向舵左舵逐渐加量,机头转向率适中,方向舵右舵逐渐加量,绕过②号障碍物后,机头回正,直线飞行 1.5 m 后无人机安全降落)全过程要求,注意修正副翼,升降舵注意前推的杆量,必须保持匀速前进。

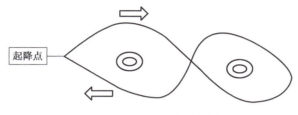

图 9-6　无人机越障碍练习

任务 2　多旋翼无人机进阶飞行训练

基本飞行训练完成以后,可以进行进阶飞行训练。进阶飞行训练包括综合训练、自动航线飞行训练、半自动航线飞行训练和半自动航线综合训练。

1. 综合训练一

无人机综合训练一如图 9-7 所示。要求练习无人机飞行矩形航线,高度不变,机头始终朝向无人机移动方向,最后操纵无人机飞回起点,机尾对着操控者,结束练习。

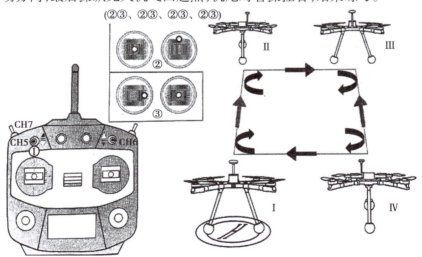

图 9-7　矩形航线飞行训练一

步骤如下：

①无人机起飞，缓慢推动油门至50%，此时，无人机到达Ⅰ位置，并处于悬停状态。

②继续保持油门50%，向上推动升降舵摇杆，无人机则沿机头方向直线飞行。当飞行一定距离后，升降舵摇杆回位，向右推动方向舵摇杆，待无人机沿顺时针方向转过90°后回正摇杆，此时无人机处于Ⅰ位置。

③重复3次步骤②的操控，无人机将依次到达Ⅲ位置、Ⅳ位置，最后无人机飞回起点Ⅰ位置，LED灯对着操控者，结束练习。

2. 综合训练二

无人机综合训练二如图9-8所示。要求练习无人机飞行矩形航线，高度不变，每个转弯之前需要旋转无人机180°，最后操控无人机飞回起点，LED灯对着操控者，结束练习。

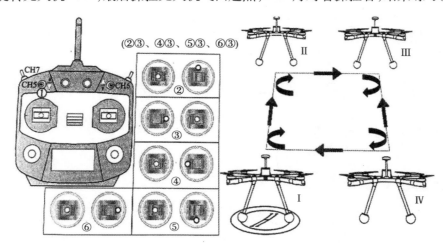

图 9-8　矩形航线飞行训练二

步骤如下：

①无人机起飞，缓慢推动油门至50%，此时，无人机到达Ⅰ位置，并处于悬停状态。

②继续保持油门50%，向上推动升降舵摇杆，无人机则向前方直线飞行。当飞行一定距离之后，升降舵摇杆回位，向右推动方向舵摇杆，待无人机沿顺时针方向转过180°后回正摇杆，此时无人机处于Ⅱ位置，并且机头朝向操控者。

③向左推动副翼摇杆，无人机偏航向右方向直线飞行。当飞行一定距离之后，副翼摇杆回位，向右推动方向舵摇杆，待无人机沿顺时针方向转过180°后回正摇杆，此时无人机处于Ⅲ位置，并且机尾朝向操控者。

④向后推动升降舵摇杆，无人机则向后方直线飞行。当飞行一定距离之后，升降舵摇杆回位，向右推动方向舵摇杆，待无人机沿顺时针方向转过180°后回正摇杆，此时无人机处于Ⅳ位置，并且机头朝向操控者。

⑤向右推动副翼摇杆，无人机偏航向左方向直线飞行。当飞行一定距离之后，副翼摇杆回位，向右推动方向舵摇杆，待无人机沿顺时针方向转过180°后回正摇杆，此时无人机回到起点

Ⅰ位置,机尾对着操控者,结束练习。

3. 综合训练三

无人机综合训练三如图9-9所示。要求练习操控无人机飞行圆形航线,高度不变,机头始终朝向无人机移动方向,最后操纵无人机飞回起点,LED灯对着操控者,结束练习。

步骤如下:

①无人机起飞,缓慢推动油门至50%,并处于悬停状态。

②同时操纵升降舵摇杆和方向舵摇杆。当向上推动升降舵摇杆时,同时向右推动方向舵摇杆,无人机则会沿着顺时针方向飞行;当向下推动升降舵摇杆时,同时向左推动方向舵摇杆,无人机则会沿着逆时针方向飞行。

③当顺时针或逆时针飞行360°后,升降舵摇杆和方向舵摇杆回正,无人机飞回起点,LED灯对着操控者,结束训练。

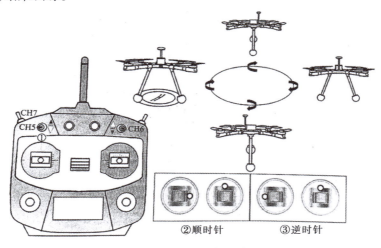

②顺时针　　　③逆时针

图9-9　圆形飞行训练

4. 综合训练四

无人机综合训练四如图9-10所示。要求练习操控无人机飞行"8"字航线,高度不变,机头始终朝向无人机移动方向,最后操控无人机飞回起点,LED灯对着操控者,结束练习。

步骤如下:

①无人机起飞,缓慢推动油门至50%,此时,无人机到达Ⅰ位置,并处于悬停状态。

②向上推动升降舵摇杆时,同时向右推动方向舵摇杆,无人机则会沿着顺时针方向飞行。当转过90°到达Ⅰ位置后,方向舵摇杆向左推动,升降舵摇杆位置不变,此时,无人机将沿逆时针方向飞行。当转过360°后再次到达Ⅰ位置,此时再次向右推动方向舵摇杆,升降舵摇杆位置不变,则无人机再次沿顺时针方向转动。当转过270°后再次到达Ⅰ位置,此时将升降舵摇杆和方向舵摇杆回正,无人机飞回起点,LED灯对着操控者,结束练习。

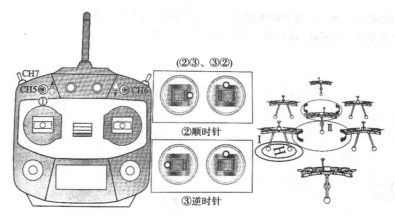

图 9-10 "8"字飞行训练

5. 自动航线飞行训练

自动航线飞行训练如图 9-11 所示。设置一个矩形飞行航线,控制无人机起飞悬停。把 CH6 拨到第 2 挡自动导航模式,点击地面控制站上的开启航线——自动航线,等待无人机飞到第①点悬停,在地面站把目标点改为②,无人机沿航线飞行。把 CH6 拨到第 1 挡退出自动导航模式。

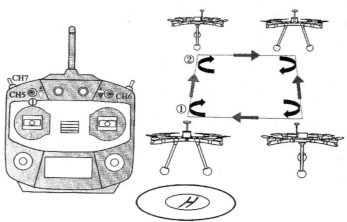

图 9-11 自动航线飞行训练

6. 半自动航线飞行训练

半自动航线飞行训练如图 9-12 所示。设置一个矩形飞行航线,控制无人机起飞悬停,把 CH6 拨到第 2 挡自动导航模式,点击地面控制站上的开启航线——半自动航线,推动遥控器升降舵摇杆,无人机沿航线飞行,松开升降杆,无人机悬停在原地。把 CH6 拨到第 1 挡退出半自动导航模式。

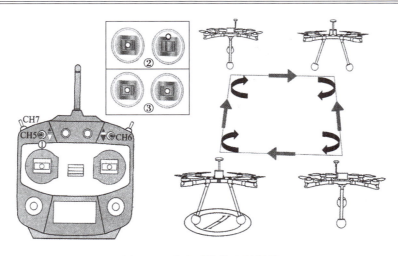

图 9-12　半自动航线飞行训练

7. 半自动航线综合训练

半自动航线综合训练如图 9-13 所示。

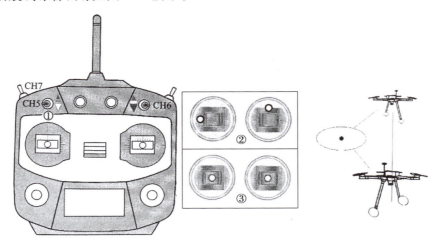

图 9-13　半自动航线综合训练

步骤如下：

①设置飞行航线。

②将遥控器上的 CH7 从第 1 挡拨到第 3 挡再切回第 1 挡,快速切换 3 次,进入单人操控模式。

③起飞后,将 CH7 拨到第 2 挡,地面控制站点击开启航线——半自动航线,进入单人空中摇臂模式。

④选定一个参照物,推升降杆让无人机前进,控制方向杆使机体始终对准参照物。将 CH6 拨到第 1 挡退出空中摇臂模式。

任务 3　多旋翼无人机专业飞行训练以及应急返航

无人机专业飞行操控训练包括 FPV 模式绕圈训练和 Carefree 模式绕圈训练。

1. FPV 模式绕圈训练

FPV 模式绕圈训练如图 9-14 所示。

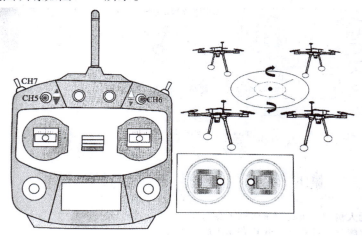

图 9-14　FPV 模式绕圈训练

步骤如下：
①进入单人操控模式；保持 CH6 在第 1 挡关闭自动模式。
②把 CH5 从第 3 挡拨到第 2 挡单人自动悬停模式，2 s 后，进入单人自动悬停 FPV 模式。
③设定一个目标点，打副翼杆绕圈，控制方向杆使机体始终对准目标点，用升降杆控制与目标点的距离；将 CH5 拨到第 3 挡退出 FPV 模式。

2. Carefree 模式绕圈训练

Carefree 模式绕圈训练如图 9-15 所示。
步骤如下：
①进入单人操控模式。
②保持 CH6 在第 1 挡，把 CH5 从第 3 挡拨到第 2 挡，2 s 后，将 CH5 拨回第 3 挡再回到第 2 挡，进入单人 Carefree 模式。
③操控升降和副翼杆，控制无人机飞行圆形航线。操纵方向杆改变无人机方向，继续飞圆形航线，机头方向改变后，操控参考方向仍以进入该模式时的方向为准。将 CH5 拨到第 3 挡退出 Carefree 模式。

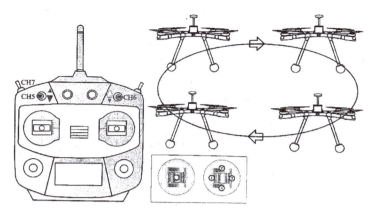

图 9-15　Carefree 模式绕圈训练

3. 应急飞行训练

无人机应急飞行训练包括失控返航训练、重获无人机控制权训练(失控返航)和重获无人机控制权训练(返航降落)。

(1)失控返航训练一

失控返航训练一如图 9-16 所示。

无人机飞行控制系统能自动记录返航点,当飞行过程中出现控制信号丢失,即无线遥控控制链路中断的情况,飞行控制系统能自动计划返航路线,实现自动返航和降落,使飞行或航拍更加安全可靠。控制无人机进入返航点 25 m 内,关闭遥控器,等待无人机返航降落。

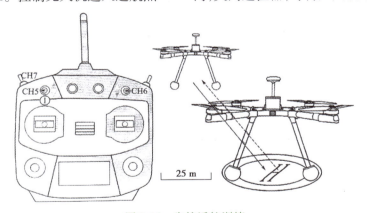

图 9-16　失控返航训练

(2)失控返航训练二

失控返航训练二如图 9-17 所示。

控制无人机进入返航点 25 m 内,3 m 高度,关闭遥控器,等待无人机升高到 20 m,然后返航降落。

(3)重获无人机控制权训练(失控返航)

重获无人机控制权训练(失控返航)如图 9-18 所示。

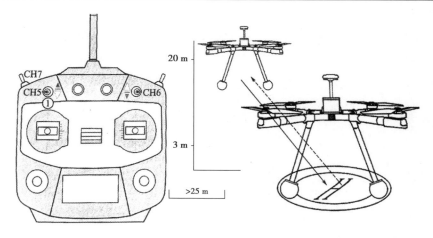

图 9-17　失控返航训练二

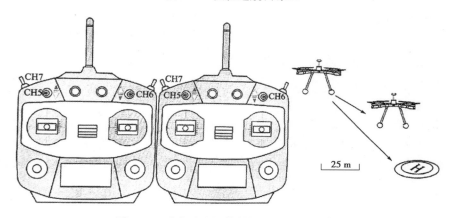

图 9-18　重获无人机控制权训练(失控返航)

　　控制无人机进入返航点 25 m 内,关闭遥控器,等待无人机进行返航降落。在无人机降落前,把油门杆放到中位,再打开遥控器,重获无人机控制权。

　　(4)重获无人机控制权训练(返航降落)

　　重获无人机控制权训练(返航降落)如图 9-19 所示。

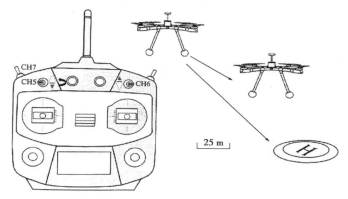

图 9-19　重获无人机控制权训练(返航降落)

控制无人机进入返航点 25 m 内,将 CH6 拨到第 3 挡,等待无人机进行返航降落。在无人机降落前,把油门杆放到中位,将 CH5 切换到第 1 挡,重获无人机控制权。

任务 4　航拍无人机基本操作流程

航拍又称空中摄影或航空摄影,可以不受地面障碍物的遮挡,清晰地俯瞰并记录拍摄对象及其所在地理环境的外部信息。近年来,随着无人机技术和航拍技术的发展,通过无人机进行航拍带给了人们一个全新的观察视角,航拍已经成为无人机应用的市场主流。

1. 航拍无人机的优势

航拍无人机具有以下优势:

①云下摄影。无人机受天气和地形影响较小,即使在阴天和轻雾天气情况下也可以拍摄。

②飞行高度较低,能够获取大比例尺、高分辨率的图像数据,较好地显示所拍摄物体的轮廓和结构。

③无人机采用高效快速的操控系统,机动灵活,运行方便,拍摄或测量运行周期短。

④设备组装及携带简便,人工成本较低;飞行安全系数相对较高,更灵活机动。

2. 典型的航拍无人机(精灵系列)

Phantom 4 是新一代一体化智能航拍无人机,它是由飞行器、遥控器、云台相机以及配套使用的 App 组成,如图 9-20 所示。飞控系统集成于无人机机身内,一体式云台位于机身下部,用户可通过安装于移动设备上的 App 控制云台以及相机。高清图传整合于机身内部,用于高清图像传输。

图 9-20　精灵四航拍无人机

（1）Phantom 4 无人机的主要特点

①除了可在超低空或室内实现稳定飞行和悬停以外,新增了前视障碍物感知功能。无人机在有效范围内可实现主动避障,进一步提升安全性。

②配备 20 mm 低畸变广角相机和高精度防抖云台以及 1 200 万像素图像传感器,可拍摄 1 200 万像素 JPEG 以及无损 RAW 格式的照片。在视频拍摄方面,最高规格可以拍摄 4 K 每秒 30 帧超高清视频。

③采用领先的飞控系统,具备双冗余 IMU 和指南针系统以提升安全性。配合全新的智能电动机驱动器,提供了敏捷、稳定、安全的飞行性能。返航功能可使无人机在失去遥控信号或电量不足时自动飞回返航点并自动降落。遥控器内置全新一代 Lighbridge 高清图传地面端,与无人机机身内置的 Lightbridge 机载端配合,可通过 App 在移动设备上实时显示高清画面,稳定传输 720 p 图像以及上下行数据。

④配备高能量密度智能飞行电池和高效率的动力系统,最高水平飞行速度达到 20 m/s,最长飞行时间约为 28 min。

（2）Phantom 4 无人机主要部件

Phantom 4 无人机主要部件如图 9-21 所示。

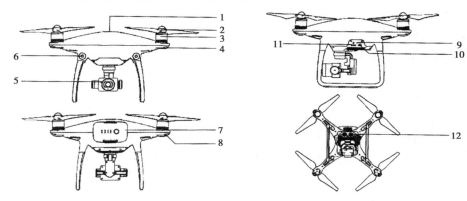

图 9-21　Phantom 4 无人机主要部件名称

1—GPS;2—螺旋桨;3—电动机;4—机头 LED 指示灯;5—一体式云台相机;6—前障碍物感知系统;
7—智能飞行电池;8—无人机状态指示灯;9—相机、对频状态指示灯/对频按键;10—调参接口;
11—相机 Micro-SD 卡槽;12—视觉定位系统

（3）遥控器主要部件

遥控器主要部件如图 9-22 所示。

（4）Phantom 4 无人机的飞行模式

Phantom 4 采用全新一代飞控系统,该飞控系统支持如下飞行模式。

P 模式（定位）:使用 GPS 模块或视觉定位和前视障碍物感知系统以实现无人机精确悬停、指点飞行以及高级模式等功能。该模式下无人机的感度值被适当调低。

S 模式（运动）:使用 GPS 模块或视觉定位以实现精确悬停,该模式下无人机的感度值被适当调高,务必格外谨慎飞行。无人机最大水平飞行速度可达 20 m/s。

A 模式（姿态）:不使用 GPS 模块与视觉定位系统进行定位,仅提供姿态增稳,若 GPS 卫星信号良好,可实现返航。

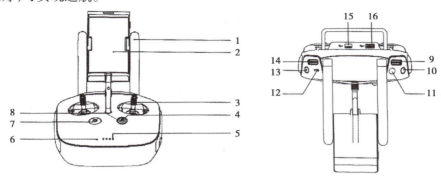

图 9-22　遥控器主要部件名称

1—天线;2—移动设备支架;3—摇杆;4—智能返航按键;5—电池电量指示灯;6—遥控器状态指示灯;
7—电源开关;8—返航提示灯;9—相机设置转盘;10—智能飞行暂停按键;11—拍照按键;
12—飞行模式切换开关;13—录影按键;14—云台俯仰控制拨轮;15—Micro-USB 接口;16—USB 接口

（5）Phantom 4 无人机的自动返航

Phantom 4 无人机具备自动返航功能。若起飞前成功记录了返航点,则当遥控器与无人机之间失去通信信号时,无人机将自动返回返航点并降落,以防止发生意外。Phantom 4 为用户提供了三种不同的返航方式,分别为失控返航、智能返航以及智能低电量返航。

失控返航:当 GPS 信号良好、指南针工作正常且无人机成功自动或手动记录返航点后,若无线信号(遥控器信号或图像信号)中断超过 3 s,飞控系统将接管无人机控制权,控制无人机飞回最近记录的返航点。如果在返航过程中,无线信号恢复正常,返航过程仍将继续,但用户可以通过遥控器控制飞行航向,且可短按遥控器智能返航按键以取消返航。

智能返航:智能返航模式可通过遥控器智能返航按键或 App 中的相机界面启动,其返航过程与失控返航一致,区别在于用户可通过摇杆控制无人机躲避障碍物。启动后无人机状态指示灯仍按照当前飞行模式闪烁。智能返航过程中,无人机根据前视障碍物感知系统提供的数据判断前方是否有障碍物,智能地选择悬停或绕过障碍物。如果前视障碍物感知系统失效,用户仍能控制无人机航向,通过遥控器上的智能返航按键或 App 退出智能返航后,用户可重新获得控制权。

智能低电量返航:智能飞行电池电量过低时,没有足够的电量返航,此时用户应尽快降落无人机,否则无人机将会直接坠落,导致无人机损坏或者引发其他危险。为防止因电池电量不足而出现不必要的危险,Phantom 4 飞控系统将会根据飞行的位置信息,智能地判断当前电量是否充足。若当前电量仅足够完成返航过程,App 将提示用户是否需要执行返航。若用户在 10 s 内不做选择,则电量剩余 10% 后无人机将自动进入返航。返航过程中可短按遥控器(图 9-23)智能返航按键取消返航。智能低电量返航在同次飞行过程中仅出现 1 次。若当前电量仅足够实现降落,无人机将强制下降,不可取消。返航和下降过程中均可通过遥控器(若遥控器信号正常)控制无人机。

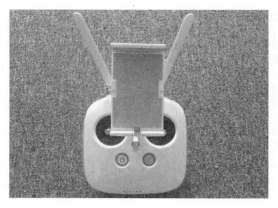

图 9-23　遥控器

3. 典型的航拍无人机(御系列)

御 air 2 飞行前的准备以及应急降落(一键返航)基本操作过程如下。
①取出飞机并展开机臂,如图 9-24 所示。
②展开飞机桨叶,如图 9-25 所示。

图 9-24　展开机臂

图 9-25　展开飞机桨叶

③拆下云台罩(飞机水平),如图 9-26 所示。
④打开遥控器(先短按再长按),如图 9-27 所示。

图 9-26　拆下云台罩

图 9-27　打开遥控器

⑤打开飞机(先短按再长按),如图9-28所示。

⑥起飞(内外八字解锁,仔细根据周围建筑物的高度确认返航高度,及时刷新返航点),如图9-29所示。

图9-28　打开飞机

图9-29　起飞

⑦应急返航(应急返航的原则就是在保证安全的情况下把无人机安全地飞回起飞点上空),如图9-30和图9-31所示。

图9-30　飞行第一视角

图9-31　应急返航

⑧降落,如图 9-32 所示。

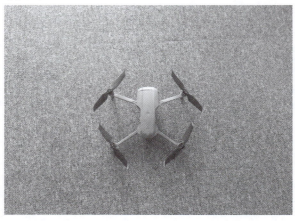

图 9-32　降落

【课程育人】
无人机在未来军事战争中的重大意义

说到吴京,说到《战狼 2》,是否会想到影片中的一个科技产品——无人机?这个产品为什么拿出来说呢?因为这个产品所承载的军事战争意义重大,那这款无人机到底有多少过人之处?影片中这架无人机不仅有人脸识别功能,而且还自带机枪扫射配置,其通过对人脸特征的识别,确认身份,精准打击对手。那为什么说无人机在未来军事战争上具有重大意义呢?

动态的无人机人脸识别难度相当大,目前科技战争还未完全实现。该技术包括了视频图像防抖动技术、视频跟踪技术、视频图像人脸识别技术、图像无线通信传输技术等,在未来科技战争、无人战争上有巨大的杀伤效果。

美国有多家公司已经在研发相关的技术,并且在纳米技术、微型机器、仿生学无人机、半机械生物领域已有所建树,这无疑是对中国的另一个潜在威胁,俗话说落后就会挨打,而我们要拥有像《战狼 2》结局那样的震慑力,在科技的发展上无疑还需要更多努力。

思考题

1. 为什么要训练飞行,它的意义在于什么?
2. 如何快速掌握飞行技巧,并能独立执行飞行任务?

项目 **10**　民用无人机驾驶员培训与考试

学习内容

任务 1　民用无人机驾驶员培训与考试操作基础
任务 2　多旋翼无人机实际飞行考试科目及标准

知识目标

1. 了解民用无人机驾驶员培训考试的流程。
2. 掌握无人机驾驶员考试的要求以及标准。
3. 熟悉无人机驾驶员考试的项目。
4. 掌握无人机驾驶员考试内容的具体操作。

技能目标

1. 熟记水平"8"字基础操作过程,注意飞行过程遇到的变量。
2. 具备理论联系实践,应用无人机技术的能力。

素质目标

1. 培养对科学技术的热爱,关注无人机技术与时代发展的联系。
2. 培养主动探索学习无人机技术的能力。
3. 树立新时代科学强国、自强不息的奋斗精神。

任务 1　民用无人机驾驶员培训与考试操作基础

1. 民用无人机驾驶员培训

操控 7 kg 以上、视距半径 500 m 以内、高度高于 120 m 的无人机,必须拿到相应的执照。

无人机驾驶员在具有资质的培训机构进行培训,理论考试和实践考试由中国航空器拥有者及驾驶员协会(AOPA)具体负责,考核通过后由中国 AOPA 颁发无人机驾驶员执照。

无人机培训一般包括理论知识、模拟训练和实践操练共计 18 个科目,见表 10-1。

表 10-1　无人机培训科目

理论知识	模拟训练	实践操作
无人机相关法律	系统设备识别	无人机飞行前期检查
航空气象与飞行环境知识	系统设备检查	地面站设置与飞行标准
飞行原理与技能	模拟器的安装与设置	带飞飞行训练
无人机概述与系统组成	模拟自由飞行训练	自主飞行训练
空域知识及申请流程	模拟考核模式训练	紧急情况下操控和指挥
通用应急处理预案	针对性模拟强化训练	无人机拆装,维护,维修和保养

　　报考无人机培训学校,应该根据学校资质、教学质量、培训价格、教学设施以及通关率、就业率等几个方面综合考虑。

2. 民用无人机驾驶员考试

　　AOPA 无人机考试等级分为教员、机长和驾驶员三个级别。每种等级的考试科目都有理论科目和实践科目。

　　无人机理论考试科目和通过成绩,见表10-2。

表 10-2　无人机理论考试科目和通过成绩

考试科目	考试大纲	时限/min	题目数量/道	通过分数/分
民用无人驾驶、航空无人驾驶航空器系统驾驶员理论考试(固定翼)	无人驾驶航空器系统驾驶员理论考试大纲(固定翼)	120	100	驾驶员:70 机长:80
民用无人驾驶、航空无人驾驶航空器系统驾驶员理论考试(多旋翼)	无人驾驶航空器系统驾驶员理论考试大纲(多旋翼)	120	100	驾驶员:70 机长:80
民用无人驾驶、航空无人驾驶航空器系统教员	无人驾驶航空器系统教员理论大纲	60	40	80

　　《民用无人驾驶航空器系统驾驶员实践考试标准》中规定驾驶员实践考试包括以下内容。
（1）飞行前的准备
科目 A:证照及文件
目的:按下列项目确定申请人已掌握与证件和文件相关的知识。
①民用无人驾驶航空器系统驾驶员合格证以及近期飞行经历。
②体检合格证的等级及有效期。
③飞行经历记录本。
④任务所需设备清单。

科目 B:适航要求

目的:按下列项目确定申请人已掌握与适合要求相关的必要知识。

①昼间和夜间目视飞行所需要的仪表及设备。

②在有或没有最低放行飞行检查单时,确认航空器是否达到起飞要求。

③获得特殊飞行许可的要求和程序。

④确定位置并解释维修记录、维修或检查要求、相应记录的保存。

科目 C:天气信息

目的:确认申请人掌握以下与天气信息相关的知识。

①通过各种渠道获得和分析天气报告、气象图、现场环境等与天气信息相关信息的能力。

②根据天气信息,做出"飞或不飞"的决定。

科目 D:空域

目的:通过对下列内容的讲解,确认申请人具备与空域相关的必要知识。

①各种空域的运行规则,以及对驾驶员和无人机设备要求。

②特殊使用空域和其他空域。

科目 E:性能及限制数据

目的:确认申请人掌握以下与性能及限制数据相关的知识。

①通过讲解图表的使用,确定无人机性能的数据和超出限制的不良影响。

②重量和平衡的计算,确定无人机的载重和重心在无人机的限制范围内,且在飞行的各个阶段飞行器的重量和重心都在限制范围内。

③性能图表和数据的使用。

④讲述天气情况对无人机性能的影响。

科目 F:任务描述及分解

目的:确认申请人能够合理地对飞行任务进行描述和分解。

科目 G:电子地图的导入、校准及编辑

目的:确认申请人能够将电子地图正确导入地面站软件,并校准坐标点,正确对电子地图进行编辑。

科目 H:航线规划及编辑

目的:确认申请人能够正确规划航线和编辑航线。

科目 I:航路规划中的应急处理方案

目的:确认申请人能够在飞行航路规划中提前做好应急方案,根据地形选择降落场地,或一键返航,遇到突发事件能有效处理。

(2)飞行前程序

科目 A:飞行器检查

目的:确认申请人具备飞行器检查的知识。

①具备对飞行前检查相关的必要知识,其中包括检查的项目,每一项目检查的原因和如何发现隐患。

②按照检查单进行无人机内外部检查。

③确认无人机可以安全飞行。

科目 B:地面站检查

目的:确认申请人具备地面站检查的知识。

①具备与驾驶地面站程序相关的知识。

②确保地面站所有设备物品均被固定好。

③检查地面站系统是否正常,熟练掌握地面站操作手册的使用方法。

科目 C:发动机或动力电动机启动

目的:确认申请人具备发动机或动力电动机启动的知识。

①具备与推荐的发动机启动程序相关的必要知识,包括使用外部电源启动、搬动螺旋桨的安全事项以及在各种气象条件下发动机的启动。

②启动发动机时,对建筑物、路面情况、临近的航空器、人员和财产的考虑。

③启动程序中对检查单的使用。

科目 D:无人机起飞前检查

目的:确认申请人具备无人机起飞前检查的知识。

①与发动机启动和旋翼结合相关的安全预防措施。

②正确停放旋翼无人机以避免危险。

③电源检查。

④大气条件对发动机启动和旋翼结合的影响。

⑤正确调节摩擦的重要性。

⑥按检查单操作的重要性。

⑦启动过程中和启动后防止旋翼无人机无意移动。

（3）机场和基地操作

科目 A:无线电通信

目的:确认申请人具备与无线电通信相关的知识。

①具备与无线电通信的必要知识。

②选择正确的频率。

③确认收到并遵守无线电通信指令。

科目 B:起落航线范围

目的:确认申请人具备与起落航线相关的知识。

①具备与起落航线相关的必要知识,包括在管制和非管制机场的程序、防止跑道入侵和防撞、规避尾流和风切变等程序的知识。

②执行正确的起落航线程序。

③与其他飞行活动保持合理间隔。

④对风进行正确的修正以保证起降准确。

⑤保持对使用跑道的方位概念。

科目 C:跑道/发射回收区

目的:确认申请人具备与机场/基地、跑道和滑行道的操作相关的必要知识;正确辨别机场/基地和认读跑道及其规定要求。

(4)起飞/发射、着陆/回收和复飞

科目 A:正常和侧风条件下的起飞和爬升

目的:确认申请人具备正常和侧风条件下的起飞与爬升相关的知识及能力。

①在滑进跑道和起飞区域前,确认五边无冲突并使用正确的跑道,防止跑道侵入。

②具备与正常和侧风起飞、爬升和中断起飞相关的必要知识。

③明确风向。

④确认侧风分量是否超过飞行员控制能力范围或航空器性能限制。

⑤根据当时的侧风正确操控航空器。

⑥周围无障碍物,滑行至起飞位并对正跑道中心线。

⑦合理加油门至起飞功率。

⑧建立并保持最佳抬轮姿态,修正和防止跳跃。

⑨在爬升中保持好俯仰姿态。

⑩在建立正上升率后,保持与地面有效沟通。

⑪保持起飞功率至安全的飞行高度。在起飞和爬升过程中保持好方向,正确进行风的修正。

⑫完成相应的检查单。

科目 B:正常和侧风条件下的进近及着陆

目的:确认申请人具备正常和侧风条件下的进近及着陆相关的知识与能力。

①具备与正常和侧风条件下进近及着陆相关的必要知识,特别强调正确操控无人机。

②充分观察着陆区域。

③根据风、着陆道面和障碍物,选择最合适的接地点。

④建立推荐的进近、着陆形态和空速,按需要调整俯仰姿态和油门。

⑤保持稳定进近和推荐的空速,同时修正阵风分量。

⑥在拉平和接地的过程中,柔和、及时、正确地操控无人机。

⑦在进近和着陆过程中,保持方向控制和侧风修正。

⑧在进近过程中偏差超出允许范围,应立即执行复飞。

⑨执行着陆后防止跑道入侵。

⑩完成相应的检查单。

科目 C:不满足着陆条件的复飞

目的:确认申请人对复飞的判断和把握。

科目 D:发射和回收

目的:确认申请人具备与发射和回收相关的知识。

①弹射起飞完成相应检查单。

②助推起飞完成相应检查单。

③起飞前对伞降装置的检查。

科目 E:旋翼无人机的起降

目的:确认申请人具备与旋翼无人机起降相关的知识。

①在逆风、顺风、侧风条件下,以适当的上升率,垂直上升到指定的悬停高度。

②以适当的下降率垂直下降到所选的接地点。

③在逆风、顺风、侧风条件下垂直接地。

④风的分析。

⑤完成相应检查单。

（5）航线飞行

科目A：与飞行相关数据的获取

目的：确认申请人通过地面站界面及时获取飞行数据；通过其他辅助手段获取飞行数据。

科目B：切换航路点或修改航路点

目的：确认申请人根据不同的任务要求或突发情况，合理修改航路点；熟悉使用地面站，及时准确地做出航路点的修改。

科目C：改变速度

目的：确认申请人熟练修改无人机速度。

科目D：改变高度

目的：确认申请人熟练修改无人机高度。

科目E：飞行控制模式的切换

目的：确认申请人熟练进行飞行控制模式的切换。

（6）应急操作

科目A：下行链路故障

科目B：上行链路故障

科目C：动力系统故障

科目D：机载电力系统故障

科目E：地面站故障

科目F：起落架或回收装置故障

科目G：飞行平台操控面故障

科目H：飞行平台其他故障

科目I：迫降或应急回收的实施

科目J：尾旋

（7）夜间飞行

科目A：夜航的特殊操作

目的：确认申请人具备与夜航飞行相关的必要知识。

①夜间飞行无人机必要的加改装设备。

②针对夜间飞行的安全预想和特情处理准备。

（8）飞行后程序

科目A：飞行器降落或回收后处理

目的：确认申请人具备与飞行器降落或回收后处理相关的知识。

①具备与着陆后、停机和系留程序相关的必要知识。

②接地后保持方向，减速至适当速度。

③观察跑道和其他地面物体。

④考虑附近人员及财产安全,选择适当位置停机。
⑤执行相应的关机程序。
⑥完成相应的检查单。

任务 2　多旋翼无人机实际飞行考试科目及标准

1. 起飞

多旋翼无人机必须从停机坪垂直起飞,悬停高度为 2 ~ 5 m,悬停时间在 2 s 以上。

要求:必须从半径 1 m 的圆圈中心起飞,垂直上升,直到起落架到达指定高度位置,悬停时间在 2 s 以上。

2. 自旋一周(360°旋转一周)

①驾驶员及机长等级考试要求:匀速缓慢绕机体中轴线旋转一周(旋转方向任意,向左或向右旋转均可),旋转用时应为 6 ~ 20 s,偏移范围高度方向不超过 1 m,水平方向不超过 2.5 m。

②教员等级考试要求:匀速缓慢绕机体中轴线向左和向右各旋转一周,旋转用时应为 6 ~ 20 s,偏移范围高度方向不超过 0.5 m,水平方向不超过 1.5 m,旋转必须以一个固定的速率进行。

3. 水平"8"字

①驾驶员及机长等级考试要求正飞水平"8"字,保持机头一直朝前进方向完成飞行动作,如图 10-1 所示。

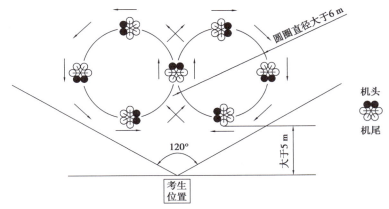

图 10-1　"8"字飞行航线(正飞)

②教员等级考试要求倒飞水平"8"字,保持机尾一直朝前进方向完成飞行动作,如图 10-2 所示。

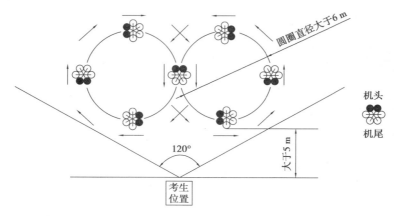

图 10-2　"8"字飞行航线(倒飞)

从悬停位置直接进入水平"8"字航线,向左或向右切入,航线方向不限。动作完成后转成对尾悬停准备降落,机头偏差角度不能超过 15°。

要求:两个圆的直径相同(直径大于 6 m),两个圆的结合部位通过身体中线,空域在 120°内,整个动作的高度不变。

"8"字航线具体飞行过程讲解如图 10-3 所示。

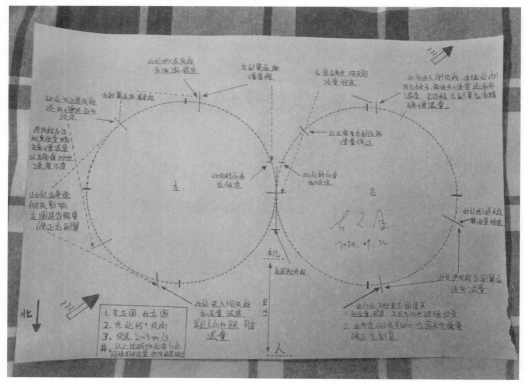

图 10-3　"8"字航线具体飞行过程讲解

4. 降落

多旋翼无人机移动至起降区上空平视高度处悬停 2 s，垂直降落。着陆时必须平稳并且在停机坪的中心。

降落操作应注意以下几点：

①悬停动作中，所有停止必须保持最少 2 s 的间隔（特殊规定除外）。圆形和线形悬停部分必须以常速进行。

②每次旋转必须以一个固定的速率进行。

③飞行中申请人必须大声报告每个动作的名字：起飞悬停、向左自旋一周/向右自旋一周，水平"8"字/侧飞水平"8"字、降落。

申请人通过中国 AOPA 组织的无人机驾驶员理论科目和实践科目考试后，颁发民用无人驾驶航空器系统驾驶员合格证，如图 10-4 和图 10-5 所示。

图 10-4　无人机驾驶证（正）

图 10-5　无人机驾驶证（反）

思考题

请简述作为一名无人机驾驶员,应如何更好地保障飞行安全,执行飞行任务。

参考文献

[1] 孙毅,王英勋.无人机驾驶员航空手册[M].北京:中国民航出版社,2015.

[2] 于坤林,陈文贵.无人机结构与系统[M].西安:西北工业大学出版社,2016.

[3] 浦黄忠,朱莉凯,王彩凤,等.无人机结构与系统[M].北京:航空工业出版社,2020.

[4] 符长青.无人机动力技术[M].西安:西北工业大学出版社,2018.

[5] 王鑫,宋建堂.无人机动力技术[M].西安:航空工业出版社,2021.

[6] 孙明权.无人机飞行安全及法律法规[M].2版.西安:西北工业大学出版社,2021.

[7] 杨苡,戴长靖,蔡志洲,等.无人机理论与飞行培训[M].北京:高等教育出版社,2018.

[8] 谢辉.无人机应用基础[M].西安:西北工业大学出版社,2018.

[9] 陈金良.无人飞行管理[M].西安:西北工业大学出版社,2018.

[10] 石磊,杨宇.无人机组装、调试与维护[M].西安:西北工业大学出版社,2019.